상상을 초월한 **육상·해상·항공·밀리터리 총출동**

Amazing Mobility

에디터 April Mac

GoldenBell
www.gbbook.co.kr

HOW IT WORKS
Amazing Mobility

이 책은 초음속 제트기와 로켓 비행기를 시작으로 어마어마하게
큰 배와 바닷속을 물고기처럼 헤집고 다니는 잠수함에 이르기까지,
지구를 누비고 다니는 가장 놀라운 머신들에 관한 책이다.
차세대 초호화 여객기, 태양전기 비행기 그리고 새로운 모양의 배들은
우리가 세계를 여행하고 탐험하는 방식을 바꾸고 있다.
진짜로 놀라운 차량들이 오늘날의 전투방식을 어떻게 혁명적으로 바꿨는지 알아보자.
또 최초의 자동차와 오늘날 교통수단의 상징인
비행기를 보면서 기술이 어떻게 발전했는지, 그 역사를 깊이 파헤쳐 보자.
강력한 파워(힘), 빠른 속도와 획기적인 기술, 공학 및 공기역학을 좋아하는 사람이라면,
"어메이징 모빌리티(Amazing Mobility)"의
작동원리를 설명한 이 책을 아주 좋아할 것이다.

HOW IT WORKS
CONTENTS
How It Works Book Of Amazing Vehicles

06

110

98

세상에서 가장 빠른 탈 것

눈 한번 깜박이면,
이 스피드 머신을 놓치게 될 것이다,
후드 아래에 어떤 고옥탄가 기술이 숨어 있을까?

속도에 대한 인류의 집념은 1906년, 미국 플로리다의 오몬드 해변 모래사장에서 완전히 새로운 자동차를 탄생시켰다.

등유-연소 증기기관으로 구동되는 세계 최초의 레이싱카가 시속 160km(100마일)를 돌파하면서, 신기록 경쟁에 불이 붙기 시작하여 오늘날에 이르고 있다. 2014년에 Bloodhound SSC는 시속 1,600km(1,000마일)가 넘는 속도를 원했다. 현재 지상 속도 최고기록은 시속 약 400km(250마일)이며, 이는 Magnum-357 총알보다 빠른 속도이

다. 육상, 해상 그리고 하늘을 누비는, 세상에서 가장 빠른 탈것을 만들기 위한 탐구요소는 모두 똑같다. 물리학, 견고한 재료, 그리고 어느 정도 끔찍한 광기를 가진 천재들이 있어야 한다. 집에서 만든 로켓 보트를 타다 수백 명이 목숨을 잃었고, 실험용 항공기로 비행하다 하늘에서 폭발하기 일쑤였다.

그러나 도달해야 할 새로운 이정표-음속(소리의 속도, 마하 20, 아마도 빛의 속도까지-가 있는 한, 과학적으로 특출하게 영리하면서도 어쩌면 가장 무모한 사람들이 기꺼이 도전할 것이다.

F1 엔진
Cosworth가 주문 제작한 엔진은 이 559kW (750hp) 엔진은 800리터의 하이-테스트 과산화물 산화제를 하이브리드 로켓에 공급한다.

제트 동력 자동차

영국에서 제작한 Thrust SSC는 1997년, 미국 네바다주 블랙록 사막에서 음속장벽을 허문, 세계 최초의 육상차량이 되었다. 4개의 자동차 바퀴를 운전자가 완전히 통제할 수 있고, 또한 10,000kg/m² 이상의 중력을 견디도록 설계하여, 육상속도 1,149km/h(시속 763마일)를 달성하였다. 또 안정성을 높이기 위해 로켓 모양의 자동차에는 양쪽에 하나씩 2대의 Rolls-Royce Spey 제트엔진을 장착하였다. 각 엔진은 F-1(포뮬러 원) 145대와 맞먹는 89kN(20,000lbf)의 추진력을 발휘한다.

여기 사진으로 제시된 차세대 블러드하운드(Bloodhound) SSC는 2014년에 유로파이터 타이푼 제트엔진 그리고 매끄러운 탄소섬유와 티타늄 케이지 프레임에 설치된 하이브리드 로켓을 이용하여 시속 1,600km (시속 1,000마일) 이상을 목표로 하였다. 블러드하운드(Bloodhound)는 정지 상태에서 로켓처럼 빠른 속도로 40초 만에 시속 1,690km(1,050마일)에 도달하도록 설계되었다.

제트 엔진
전투기 유로파이터 타이푼용으로 설계된 Rolls-Royce EJ 200 엔진은 Bloodhound를 536km/h(350mph)까지 가속할 것이다.

하이브리드 로켓
영국에서 가장 큰 이 로켓은 액체 산화제로 고체 연료를 연소시켜, 최대 추진력 122kN(27,500lbf)을 생성한다.

알루미늄 합금 휠
알루미늄과 아연의 항공우주용 합금을 가단조하여 생산한 솔리드 디스크는 휠림에서 50,000g(1g=9.8m/s²) 이상의 중력을 감당해야 한다.

승차정원
1명

길이
13.5m(44ft)

BLOODHOUND SSC

파워
롤스로이스 EJ 200 제트엔진과 하이브리드 로켓

최고속도(추정)
1690km/h(1050mph)

무게
1500만 유로(2500만 US달러)

비용
15만 파운드
(25만 달러)

도로의 범프카

저항(또는 항력; drag)은 속도기록을 세울 수 있는 초음속 육상차량 설계에 가장 큰 엔지니어링 과제 중 하나이다. 지상에서와 같은 바퀴의 마찰이 없는 저공비행 전투기조차도 시속 1,600km(994마일)에 도달하지 못한다. 공기는 높은 고지대보다 지면에서 훨씬 더 밀도가 높으므로 자동차는 초 공기역학적(따라서 로켓 모양)이어야 하며, 엄청난 추력을 생성해야 한다.

육상속도 경쟁자 중 하나인 오시-인베이더(Aussie Invader) 5R은 276kN(62,000파운드)의 추력을 생성할 수 있는, 길이 16m(52ft) 로켓 엔진 위에 운전자를 앉혀 이 문제를 해결하였다. 바퀴는 지면에 단단히 고정된 상태에서 상상할 수 없는 속도로 회전을 시작해야 하므로 또 다른 큰 도전이다. 해결책은 강도/중량 비율이 매우 높은 티타늄 또는 알루미늄의 튼튼한 휠이다.

오시-인베이더의 알루미늄 휠은 1분당 10,000번 회전할 수 있게 제작되었다. Thrust SSC가 음속장벽을 깨뜨렸을 때의 충격파가 차량 아래의 모래 토양을 '유동화'하여 조종하기가 어려웠다. 차세대 로켓 자동차는 컴퓨터 모델링을 사용하여, 이러한 진동을 완화한다.

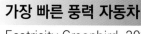

어떤 이들은 Venom GT가 전체적으로 Veyron Super Sport보다 빠르다고 주장했지만, 아직 확인되지는 않았다.

속도 대 가속도

2013년 1월, Hennessey Venom GT는 텍사스 공항 활주로에서 정지상태로부터 13.63초만에 300km/h(186mph)라는 가속도 세계기록을 세웠다. 가속도는 속도와 다르다.

가속도는 V8 엔진의 토크(힘)를 Venom GT의 질량으로 나눈 값(즉, a = f/m)이다. 베놈(Venom)은 가벼운 1,244kgf(2,743lbf)의 차체를 토크 160kgf/m(1,155lb/ft)로 구동하기 때문에 빠르게 가속된다. 더 무거운 부가티 슈퍼 스포츠는 단거리 전력 질주에서는 베놈 GT에 지지만 더 높은 최고속도로 주행할 수 있다.

다른 속도 괴물들 …… 육상에서

가장 빠른 풍력 자동차
Ecotricity Greenbird, 203km/h(126mph)

가장 빠른 모터사이클
Ack Attack, 606km/h(377mph)

가장 빠른 피스톤 엔진 자동차
Speed Demon, 743.5km/h(462mph)

무게
1,888kg
(4,162파운드)

변속기
7단

가격
150만 파운드
(250만 US달러)

VEYRON SUPER SPORT

최고속도 (제한)
415km/h(258mph)

가속
2.5초 안에 0-97km/h(60mph)

엔진
16기통, 895kW(1,200hp)

세계에서 가장 빠른 양산 자동차

Bugatti Veyron Super Sport에서 가장 먼저 눈에 띄는 것은 Lamborghini처럼 좋은 외모는 아니지만, 티라노사우르스처럼 포효한다.

부가티의 16기통 엔진은 1,200마력이 넘는 출력을 자랑하며, 제로백(0-100km/h (60mph)은 2.5초이다. 부가티가 시속 431km(268마일) 이상을 질주할 수 없도록 막는 유일한 장애 요소는 고무 타이어였다. 타이어 4개의 가격은 26,000파운드(42,000 US달러)인데, 후회하는 것보다는 안전한 것이 더 낫다! 큰 구동력을 전달하기 위해 8리터 엔진을 최대출력으로 가동하면, 약 12분 만에 연료탱크가 바닥이 날 정도로 많은 연료를 소비하였다.

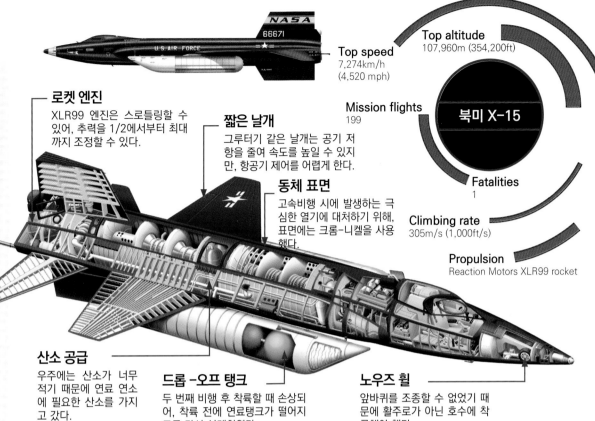

Top speed
7,274km/h
(4,520 mph)

Top altitude
107,960m (354,200ft)

Mission flights
199

북미 X-15

Fatalities
1

Climbing rate
305m/s (1,000ft/s)

Propulsion
Reaction Motors XLR99 rocket

세계에서 가장 빠른 유인 항공기

가장 빠른 유인 항공기의 비행 신기록은 47년 전에 수립되었다. X-15는 우주 경쟁 초기에 우주에서 항공공학의 한계를 시험하기 위해 설계되었다. 전투기처럼 날개가 짧은 X-15는 후드 아래에 로켓을 장착했다. X-15는 최대 고도 13,700m (45,000피트)까지는 거대한 B-52 폭격기를 타고 비행한다. 폭격기에서 낙하하여, 출력 500,000마력(hp)의 액체 추진 로켓을 점화하였다. 적재된 연료량 때문에 83초 동안만 동력 비행할 수 있었지만, 조종사를 신기록 명단에 올리는 데는 문제가 없었다.

로켓 엔진
XLR99 엔진은 스로틀링할 수 있어, 추력을 1/2에서부터 최대까지 조정할 수 있다.

짧은 날개
그루터기 같은 날개는 공기 저항을 줄여 속도를 높일 수 있지만, 항공기 제어를 어렵게 한다.

동체 표면
고속비행 시에 발생하는 극심한 열기에 대처하기 위해, 표면에는 크롬-니켈을 사용했다.

산소 공급
우주에는 산소가 너무 적기 때문에 연료 연소에 필요한 산소를 가지고 갔다.

드롭-오프 탱크
두 번째 비행 후 착륙할 때 손상되어, 착륙 전에 연료탱크가 떨어지도록 다시 설계하였다.

노우즈 휠
앞바퀴를 조종할 수 없었기 때문에 활주로가 아닌 호수에 착륙해야 했다.

공기역학적 도전

고속항공기 엔지니어링의 문제는 놀랍게도 세계에서 가장 빠른 자동차를 만드는 것과 비슷하다. 항력(drag)은 여전히 공공의 적 1호이다. 항공기 속도가 음속에 가까워짐에 따라 비행기 주위를 흐르는 공기는 점성이 높아져 동체표면에 '달라붙어', 항공기의 공기역학적 형태를 변경한다.

고속 공기흐름과 비행기의 마찰은 비행기 뼈대가 덜컥거리는 난류, 엄청난 열 및 충격파를 유발한다. 최고의 공기역학적 형상을 얻기 위해 초음속 비행기는 날개가 초음속 충격파의 원뿔 안에 안전하게 머무르도록, 뒤로 휩쓸린 형태로 설계한다. F-14 전투기는 최대속도에서는 날개를 오므리고, 저속에서는 자유롭게 제어하기 위해 날개를 펼칠 수 있다. 초음속 비행기는 또한 항력을 더욱더 줄이기 위해 알루미늄과 같은 경량 소재로 제작한다.

물론 강력한 엔진출력이 없이는 초음속에 절대로 도달할 수 없다. 1947년 음속장벽을 최초로 돌파했던 X-1 비행기는 로켓으로 비행하였다. 그러나 4대의 Rolls-Royce 터보엔진을 사용한 콩코드처럼, 현대식 터보제트 엔진으로도 초음속 비행이 가능하다. 극초음속 비행 – 즉 Mach 5보다 빠른– 속도에서는 공기분자가 분해되기 시작하고 다수의 겹치는 충격파가 생성되기 때문에 특별한 문제가 있다. Falcon HTV와 같은 실험적인 초음속 비행기는 전통적인 비행기보다 날개가 없는 공상 과학 차량처럼 보인다.

HTV-2 시험비행은 열로 인해 임무가 종료되기 전까지 약 9분 동안 지속되었다.

다른 속도 괴물들… 하늘에서

가장 빠른 우주 비행기
Virgin Galactic의 우주선, 1,752km/h (1,089mph)

가장 빠른 제트기
블랙버드 SR-71, 3,185km/h+(1,979mph+) (1,979mph+)

가장 빠른 무인 비행기
Falcon HTV-2, 20,921km/h (13,000mph)(13,000mph)

물을 가르면서 질주

하늘과 땅에서와 마찬가지로 물에서도 속도기록을 세우는 데 가장 큰 장애물은 항력(drag)이다. 물은 공기보다 밀도가 약 1,000배 더 높으므로 물에서 속도를 높이는 가장 좋은 방법은 아이러니하게도 물 자체와의 접촉을 최소화하는 것이다.

쾌속정 경주를 보면 최고속도에서 대부분 보트가 물 위로 뜬다. 이 기술은 '포일링(foiling)'이라고 하는 공기역학적 기술이다. America's Cup 쌍동선의 쌍둥이 선체는 면도날처럼 얇은 수중익선을 타고 물 위로 완전히 뜬다. 쌍동선 디자인은 단일 선체가 물속 깊은 곳에 있을 필요가 없어 안정성이 전반적으로 향상된다.

호주의 정신

호주의 쾌속정 매니아 켄 와비(Ken Warby)는 어린 시절부터 세계 신기록 수립을 꿈꾸었다. 그의 영웅인 영국인 도널드 캠벨은 도전 중에 사망한 바 있다. 1970년대에 와비는 스폰서 없이 시드니 자신의 뒷마당에 호주의 정신을 건설하고, RAAF 경매에서 3대의 투박한 제트엔진을 구입했다. 와비는 수년간의 쾌속정 경험을 바탕으로 3점 수상 활주정 초안을 설계하였다. 그는 고속에서 보트 밑면의 세 부분만 물에 접촉하게 설계하여 항력을 크게 줄였다. 대학 풍동과 RAAF의 도움으로 와비는 1978년에 미지의 기록 511.1km/h(317.6mph)을 수립하였다. 이 기록은 오늘날까지도 깨지지 않고 있다.

다른 속도 괴물들… 수상에서

가장 빠른 군함
US Navy Independence, 83km/h (52mph)(52mph)

가장 빠른 호버크라프트
Universal UH19P: Jenny II, 137.4km/h (85.4mph)

갖장 빠른 수상 활주정
US Navy Fresh-1, 155.6km/h (96.7mph)

잉카트 프란시스코

최고속도
107.4km/h
(66.7mph)

길이
99m (325ft)

사하중
450 tons

승선정원
1,000

적재차량 대수
150

LM2500 박용 가스 터빈
Francisco의 동력원 자세히 살펴보기

압축기
회전하는 팬 블레이드는 일련의 압축 블레이드로 공기를 18:1로 압축한다.

연소기
액체 천연가스를 압축 공기실에 분사, 점화, 연소시켜 엄청난 에너지를 방출한다.

터빈
뜨거운 연소가스의 유동은 워터젯(waterjet)에 연결된 일련의 터빈을 빠른 속도로 회전시킨다.

세계에서 가장 빠른 페리 여객선

바다 표면을 가로지르는 작은 쾌속정 경주를 보는 것도 하나의 재미지만, 길이 99m(295피트)의 페리를 타고 50노트(93km/h, 58pmh) 이상의 속도로 항해하는 것은 정말 놀라운 경험이다. Francisco는 승객 1,000명과 자동차 150대를 운송한다. Francisco는 호주 조선업체 Incat의 최근 제품으로, 액화 천연가스(LNG)로 작동하는 2대의 거대한 터빈으로 구동되는 쌍동선이다. 터빈은 선박을 추진하고 조종하는 2개의 거대한 워터젯을 작동시켜 물을 밀어내면서, 따뜻한 칼로 버터를 자르듯 파도를 가르고 항해한다.

Francisco는 아르헨티나의 부에노스아이레스에서 우루과이의 몬테비데오까지 멋지게 그리고 빠른 속도로 승객을 운송하고 있다.

시간상으로 : 런던에서 뉴욕까지

세계에서 가장 빠른 차량이 대서양을 최고속도로 횡단하는 데 걸리는 시간은(만약 다리가 있다면)?

전갈 FV101 탱크
76.8시간

벨로엑스3 자전거
41.7시간

부가티 베이런 슈퍼 스포츠
12.7시간

레일 위의 속도

고속 열차의 미래는 의심할 여지가 없이 자기부상열차이다. 자기 부상(maglev)의 원리는 열차가 궤도와 열차 사이의 전자기장에 대항하여 생성된 1~10cm(0.4~4인치)의 공기 쿠션에 떠서 달려, 항력을 줄일 수 있도록 하는 것이다. 중국의 상하이 자기 부상 열차는 2003년 최초의 상용 자기 부상 열차가 되었으며, 여전히 상용차의 운행속도 기록을 보유하고 있다: 431km/h(268mph).

그러나 일본이 도쿄와 나고야 사이에 자체 자기 부상 철로를 개발하고 있으며, 시범 속도는 500km/h(310mph)에 도달했다.

기술 기업가 일론 머스크(SpaceX 설립자)는 자기부상 기술을 한 단계 더 발전시킬 계획이다. 그의 Hyperloop 디자인은 밀폐된 저압 튜브 속을 1,300km/h(800mph)에 가까운 속도로 달리는 자기부상열차이다. 오늘날 스페인, 프랑스, 이탈리아, 한국 및 기타 국가의 기존 고속철도 노선은 유선형 공기역학, 경량 플라스틱 및 전동 기관차를 조합하여 300km/h (186mph) 이상의 속도로 주행하고 있다.

일본에서 시험 중인 새로운 L0 자기부상 열차는 이미 시속 500km(311mph)를 기록했다.

빠르면서도 호기심을 자극하는…

1 밀크 플로트

영국 투어링카 챔피언쉽 드라이버 Tom Onslow-Cole은 우유 배달 트럭의 전기모터를 V8 엔진으로 교체하여 eBay Motors Mechanics Challenge 부문에서 공기역학적이 아닌 버기로 124.8km/h(77.5mph)에 도달했다.

2 잔디 깎는 기계

Honda UK의 'Mean Mower'는 잔디가 아닌 트랙에서 0-97km/h(60mph)까지 4초 만에 도달하고, 최고속도 209km/h(130mph)로 달린다고 한다. 잔디를 빠르게 깎을 수는 있으나 1,000cc 오토바이 엔진은 소음으로 이웃을 괴롭힐 수 있다!

3 경찰 순찰대

두바이에서만 가능한 일… 2013년 범죄가 넘쳐나는 이 도시는 공공 안전 순찰에 1대에 275,000파운드(450,000달러)인 Lamborghini Aventador와 Ferrari FF를 보강했다. 범죄자들에겐 도주할 기회가 없다!

4 자전거

네델란드 대학생 팀이 만든 VeloX3는 길쭉한 달걀 모양이다. 이 자전거는 2013년에 133.8km/h(83.1mph)의 기록적인 속도에 도달할 수 있는 초공기역학적 표피로 덮여 있다.

5 스케이트 보드

Mischo Erban은 경쟁 스포츠인 다운힐 스케이트 보드를 타는 무모한 마니아들의 우상이다. Erban은 2012년 캐나다 퀘벡의 산악도로에서 130km/h(80.7mph)에 달하는 세계 신기록을 수립하였다.

가장 빠른 궤도차량

가볍고 민첩한 Scorpion FV101은 전투지역에 필요한, 속도와 강인함의 완벽한 조합을 자랑한다.

무기류
76mm(3인치) 주포는 전차 킬러가 아니다. 스코르피온은 전투가 아닌 정찰용으로 설계되었기 때문이다.

엔진
기존의 재규어 가솔린엔진을 더 강력한 Cummins BTA 5.9 디젤 모델로 교체하였다.

경량
무게가 8톤에 불과한, 빠르고 기동성이 뛰어난 스코르피온은 62톤 챌린저와 같은 전투용 탱크의 주변을 정찰한다.

스프로킷 구동
전방 스프로킷은 엔진으로부터 동력을 받아 캐터필러 트랙을 구동한다.

도로 구동용 바퀴
스코르피온의 양쪽에 있는 5개의 바퀴는 유압식 서스펜션을 사용, 고속 주행을 부드럽게 한다.

호주의 정신
10.9시간

추력 SSC 로켓카
4.5시간

X-15 로켓 비행기
46분

HOW IT WORKS

육상(LAND)
고속 불가사의와 엄청난 기계들

30

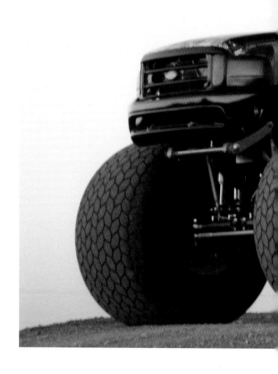

*"가장 주목할만한,
최첨단 차량을
살펴보자"*

HOW TO BUILD A SUPERC

부가티가 어떻게
CHIRON을 도로에서
가장 빠른 양산 스포츠카로
만들었는지 알아보자.

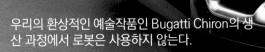

우리의 환상적인 예술작품인 Bugatti Chiron의 생산 과정에서 로봇은 사용하지 않는다.

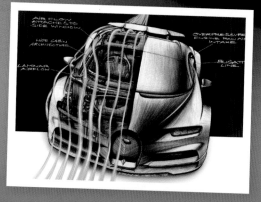

엔진 앞에 기어박스가 있어, 캐빈 디자인은 제약을 받는다.

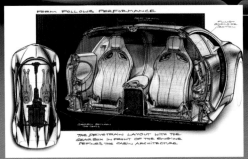

전면 디자인은 Bugatti의 독특한 스타일을 유지하면서도, 다수의 냉각공기 흡입구를 포함하고 있다.

슈퍼카 제작 방법

어떤 차가 슈퍼카인가? 자동차 전문가에게 질문하면, 대답은 제각각일 것이다. 하지만 Bugatti Chiron을 한 번 살펴보면, 그 차이가 그럴만한 가치가 있다는 것은 의심의 여지가 없다. 대당 200만 파운드(250만 달러)의 가격표로 Chiron은 부유함뿐만 아니라 예외적으로 높은 기준에 대한 진가를 나타낸다.

부가티와 함께 페라리, 포르쉐, 로터스, 람보르기니 등 가장 잘 알려진 레이싱카 제작사들은 기존의 스포츠카의 성능을 능가하는 도로 주행 차량을 생산하고 있다. 그러나 이들 중 어느 것도 현재 고성능 자동차의 선두 주자인 부가티와 견줄 수 없다. 부가티는 뛰어난 자동차를 만든 오랜 역사를 가지고 있다. 이 회사는 이탈리아 태생의 Ettore Bugatti가 1909년에 설립하였다.

그는 당시 독일의 통제하에 있던 프랑스의 몰스하임에 공장을 세웠다. 제2차 세계대전 이후 회사는 파산을 겪으며 수년 동안 혼란을 경험하였다. 그러나 이 브랜드는 1998년 폭스바겐이 인수하면서 새로운 시대를 맞이하였다. 새로운 소유주는 자동차의 고급스러움과 엔지니어링의 한계를 뛰어넘을, 궁극의 슈퍼카를 설계하고 제작하는 프로젝트를 시작하여 Bugatti의 명성을 되찾기 시작하였다. 그 결과 Bugatti Veyron이 탄생하였다. 2005년에 생산을 시작한 Veyron은 1,000마력의 출력을 뽐내면서, 시속 400km로 주파하였다.

이 디자인에는 차량이 최고속도에 안전하게 도달, 유지하는 데 필요한 수많은 기계적 혁신과 독특한 스타일이 결합되어 있다.

시론은 강력한 양극산화막 처리된 알루미늄 트림이 외관에 품격을 더한다.

이들의 핵심은 독특한 16기통 엔진으로, Bugatti Veyron의 Super Sport 에디션이 2010년 시속 431km의 세계기록을 수립하였다. Veyron은 지금까지 제작된 가장 빠른 양산 차량으로 기네스 세계기록을 보유하고 있다.

그런데도 부가티는 그 명성에 안주하지 않았다. Chiron은 Veyron의 직계 후속모델로 Bugatti 엔지니어들의 믿음을 반영하여 훨씬 더 빠른, 합법적인 도로 주행 자동차로 등장하였다.

더 큰 야수(beast) 만들기

Veyron의 목표는 트랙에서 고속주행할 수 있고, 고속도로에서도 똑같이 편하게 운전할 수 있는 자동차를 설계하는 것이었다. 이러한 야망은 Chiron에서도 계속되었지만, 엔진출력이 Veyron보다 25% 더 커야 한다는 기준이 추가되었다. 이를 위해 Bugatti의 디자이너와 엔지니어로 구성된 통합팀은 다시 설계단계로 돌아가, 차를 내부에서 시작하여 외부까지 완전히 개조하였다. 디자인 컨셉은 컴퓨터에서 3D 모델로 렌더링하였으며, 완성된 제품이 어떤 모습 일지에 대한 느낌을 팀에 제공하기 위해 실물 크기의 클레이-모델을 제작하였다.

하지만 부가티가 재창조하지 않은 것은 Veyron의 고성능 8.0 리터 W16 엔진이었다. 그렇지만 독특한 방식으로 개선하였다. 엔진은 가벼우면서도 강한 티타늄 합금과 탄소섬유로 만든 수제 부품으로 조립하였다.

약 1주일 동안 각 엔진을 개별적으로 클린룸에 보관, 이물질이 움직이는 부품에 들어가는 것을 방지한다.

Chiron 엔진은 Veyron처럼 16기통이지만, 4개의 전용 터보차저는 두 배의 출력으로 구동된다. 듀얼 클러치 변속기도 Veyron보다 성능이 더 우수하다. 이와 같은 특징들을 통해 Chiron은 기어 변속시 동력차단 없이, 전자적으로 제한된 최고속도인 시속 420km 이상으로 주행할 수 있다.

아틀리에 내부
그곳에서 만든 자동차만큼이나 놀라운 시설인 Bugatti의 Molsheim 공장을 살펴보자.

준비와 대기
변속기 어셈블리의 프런트앤드는 드라이브-트레인에 연결할 수 있는 위치에 준비되어 있다.

EC 너트-러너는 각 너트가 필요한 토크로 조여졌을 때 작업자에게 알려준다.

Chiron은 모두 손으로 조립한다. 어떤 생산단계에서도 로봇을 사용하지 않는다.

알고 있었나요?   Bugatti는 이미 Chiron 전체 생산량의 절반을 판매하였으며, 아직 70대가 공장에 남아있다.

요소 부품
내부 기능부품은 조립 공정이 완료될 때까지 장착하지 않는다.

수동 변속기
드라이브 트레인은 기어박스와 연결하기 위해 시트 사이의 채널에 정렬되어야 한다.

중요한 순간
운전석 프레임 또는 모노코크 보디를 리어엔드에 연결하는 것은 조립공정의 이정표이다.

팀 작업
엔진은 무거우므로 다수의 작업자가 함께 제 위치에 조립해야 한다.

깨끗한 바닥
1000 제곱미터의 작업장 바닥은 에폭시로 마감하였다.

열린 공간
스테이션 사이의 공간이 넓어, 장비와 충돌위험 없이 부품을 운반할 수 있다.

"모양(form)은 성능을 따라간다' 가 이 차에 대한 부가티의 모토이다."

조립 작업장은 기름 묻은 걸레가 보이지 않는 깨끗한 상태이다.

Veyron과 Chiron 비교

Bugatti Veyron은 여전히 굉장한 자동차이지만 양산 시작 10년이 지나면서 고객의 기대가 높아져, Chiron을 생산하게 되었다. Chiron은 기존의 Veyron보다 출력이 절반 더 강한 1480hp을 발휘할 수 있으며, 물리학을 활용하고 재료 및 역학 분야의 전반적인 발전 덕분에 최고속도를 더 높일 수 있게 되었다.

가장 눈에 띄는 특징은 Chiron의 독특한 측면 공기 흡입구로, 공기저항이 자동차에 유리하게 작용하여 엔진온도를 크게 낮춘다. 또 내부개선 요소로는 엔진효율을 높이기 위한 더 강력한 터보차저, 엔진과 프레임 및 패널에 더 가벼운 재료의 적용, Vayron보다 직경이 더 크고 두꺼운 신형 디스크 브레이크 등이다. 이를 통해 Chiron은 신기록 보유자인 Veyron을 능가할 수 있게 되었다.

조립된 엔진은 7단 듀얼 클러치 변속기에 연결된다.

이 슈퍼카의 후미에는 거대한 엔진과 파워트레인이 장착되어 있다.

치열한 경쟁은 Bugatti 엔지니어들이 Veyron으로 달성한 성과를 뛰어넘도록 독려하였다.

© 2017 Benjamin Antony Monn for Bugatti Automobiles S.A.S./ 2017 Bugatti Automobiles S.A.S.

17

기본적으로 운전자가 변속하면, 제2의 변속기가 다음 단 변속을 준비하여 필요에 따라 즉시 변속된다.

Chiron의 엔진에 대한 야심 찬 목표가 너무 지나치지 않게 하려고 Bugatti 엔지니어들은 동력계를 사용하여 시제품의 출력을 테스트했다. 엔진은 살아남았지만, 테스트 장치가 파손되어, 특별히 새로운 동력계를 제작, 테스트를 진행하게 된다. 그런데도 엔진출력을 높이는 것보다는 차에서 모든 성능 요소를 끌어내는 것이 더 중요했다. 속도에 대항하는 자연적인 힘 중에는 중력과 공기 저항이 있다. Chiron을 경쟁의 승리자로 만들기 위해 Bugatti 디자이너들은 물리법칙을 유리하게 활용하는 새로운 방법을 찾아야 했다.

공차중량이 거의 2t에 달하는 Chiron은 일반 차량보다 무겁다. 이를 보완하기 위해 엔진은 물론이고 프레임과 차체 패널을 가볍지만 강한 최첨단 소재로 만들었다. 고강도 강철제 프레임과 차체의 모든 조인트는 손으로 볼트를 조여 조립하였다. 섀시 조립에 사용되는 유일한 전동공구는 EC 너트-러너이다. 이 첨단 스패너는 일관성을 보장하기 위해 각 볼트가 얼마나 조여 졌는지 기록하고, 이 데이터를 컴퓨터에 저장한다. 또 차체 패널은 벌집 구조의 알루미늄 라이너로 강화된 탄소섬유 제품이다.

그러나 이러한 패널들의 물리적 특성만큼이나 중요한 것은 일부 패널에 대해 차에서 수행하는 작업이다. 패널을 프레임에 부착한 후, 라미네이팅 및 도색에 수 주일이 걸리며, Chiron에 매력적인 외관을 부여한다. '모양(form)은 성능을 따라간다'는 이 차의 모토이며, Chiron의 유선형 윤곽, 특히 양쪽 도어 주변을 휘감은, 눈에 띄는 C자 모티브보다 이를 더 잘 나타내는 것은 없다.

최적의 공기역학적 설계를 갖춘 자동차는 난류를 일으키지 않고 공기를 유도한다. Chiron의 이상적인 형상을 찾기 위해 엔지니어들은 차체의 각 부분 주변의 공기유동에 대응할 수 있도록 풍동에서 축척 모델을 연구했다. 곡선형 윈드 스크린 위로 그리고 그 주변으로 이동하는 공기를 다소 직선적으로 흐르는 층류가 되도록 Chiron의 프런트엔드를 설계할 수 있음을 발견하였다. 이를 통해 난류를 최소화하고 공기흐름을 엔진이 있는 차량 뒤쪽으로 유도한다.

Bugatti 팀이 6,700rpm으로 회전하는, 강력한 엔진을 설계할 때 직면한 주요 문제 중 하나는 냉각 장치가 효과적이지 않으면 빠르게 과열된다는 점이었다. Veyron은 엔진온도를 낮추기 위해 10개의 라디에이터가 필요했으며, 문제가 Chiron보다 훨씬 더 심각했다. 따라서 엔지니어들은 1분당 최대 800리터의 냉각수를 순환시킬 수 있는 냉각수 순환 시스템을 고안했다.

그런데도 수랭만으로는 충분하지 않기 때문에 차량 앞쪽에서 휘어지는 공기유동이 효과적이다. Chiron의 양쪽 측면에서 튀어나온 C형 패널은 실제로 편향된 공기를 모아 엔진실로 보내는, 영리하게 설계된 공기 흡입구이다. 이 공기는 팬과 같은 역할을 하여 엔진으로부터 과도한 열에너지를 흡수한 다음, 압력 차이로 인해 차 뒤쪽에 있는 큰 통풍구로 들어간다.

도전적인 물리학

문제는 공기유동이 슈퍼카에 모두 다 좋은 것은 아니라는 점이다. 고속으로 운동하는 물체에 대항하는 공기는 물체를 지면으로부터 뜨게 할 수 있다. 비행기에서는 양력이 필요하지만, 자동차는 타이어와 도로와의 접촉이 조금만 손실되어도 차량 조종이 어렵고 매우 위험할 수 있다.

이 문제를 해결하기 위해 Bugatti 디자이너들은 Veyron에서 또 다른 교훈을 얻고 Chiron에 컴퓨터로 제어되는 접이식 스포일러를 장착하였다. 스포일러의 목적은 두 가지이다. 속도가 빨라질 때 차를 도로에 밀착하는 데 충분한, 내리누르는 힘을 생성하고, 운전자가 제동할 필요가 있을 때 안전하게 속도를 낮춘다.

저속에서는 스포일러가 차 뒤에 숨어 있다. 자동차를 가속하면 작은 센서가 온보드 컴퓨터에 신호를 보내 순식간에 스포일러를 펼친다. 제동하면 스포일러는 운전자가 쉽게 정차할 수 있도록 조정된다. 또 스포일러는 맞바람 저항을 증가시켜 차를 안전하게 감속하도록 돕는다.

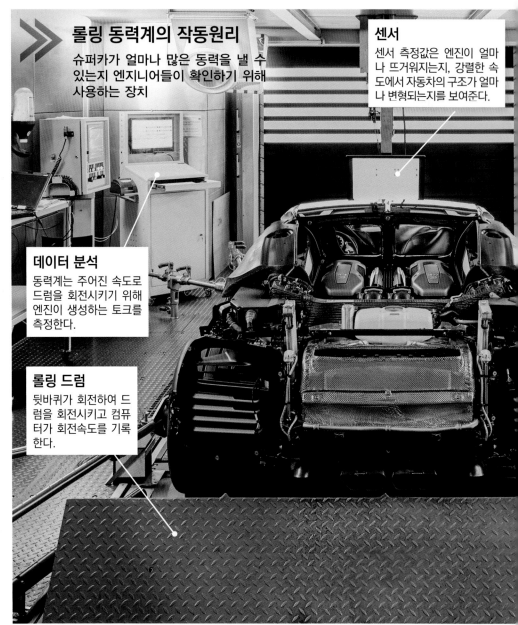

롤링 동력계의 작동원리
슈퍼카가 얼마나 많은 동력을 낼 수 있는지 엔지니어들이 확인하기 위해 사용하는 장치

센서
센서 측정값은 엔진이 얼마나 뜨거워지는지, 강렬한 속도에서 자동차의 구조가 얼마나 변형되는지를 보여준다.

데이터 분석
동력계는 주어진 속도로 드럼을 회전시키기 위해 엔진이 생성하는 토크를 측정한다.

롤링 드럼
뒷바퀴가 회전하여 드럼을 회전시키고 컴퓨터가 회전속도를 기록한다.

차량은 독일의 공항 활주로에서 주행시험을 하는 동안, 최고속도에 도달한다.

롤링 동력계는 매우 강력해서 여분의 전기를 Molsheim의 전력망에 공급할 정도이다.

가죽 또는 가죽-탄소섬유 조합의 자동차 인테리어 조립에 수 일이 걸린다.

Chiron을 플라스틱 필름으로 코팅하여, 시험 주행 중 페인트가 손상되지 않게 한다.

몬순 강도의 물 폭탄을 Chiron에 퍼부어 누수를 확인한다.

통풍구와 팬
엔진이 최대 스로틀일 때 발생하는 열 때문에 에어컨을 필요로 한다.

자동차 고정
테스트 중 엔진을 수 시간 동안 최고 회전속도로 가동할 때도 있으므로 차량을 단단히 고정해야 한다.

"엔지니어들은 자동차 주변의 공기 흐름을 확인하기 위해 풍동에서 축척 모델을 연구한다."

차량의 후방 카메라를 포함해서, 모든 기능을 광범위하게 테스트한다.

또한 차량을 제동하는 것은 카본, 세라믹 및 티타늄으로 만든 큰 디스크 브레이크이다. 이 디스크를 노출될 수 있는 가장 스트레스가 큰 조건에서도 고장이 나지 않도록, 거의 1,000℃ 의 오븐에서 열처리한다. 여기에서도 자동차의 디자인은 유입되는 공기흐름을 활용하여 열을 방출한다; 각 헤드램프 뒤에 있는 작은 덕트가 공기를 브레이크로 유도하여 온도를 낮춘다.

그러나 브레이크가 아무리 좋다고 해도 타이어가 도로에 밀착되지 않으면 차가 충분히 빨리 정차하지 않을 것이다. 그래서 부가티는 미쉐린에 이전에 만들었던 것과는 전혀 다른 타이어를 디자인해 주도록 요청했다. 우주항공 기술에서 영감을 얻은 미쉐린은 여객기의 엄청난 무게로 인한 제동력을 감당할 수 있는 타이어와 같은 제품을 개발하였다. 또한 Chiron이 직면할 수 있는 모든 도로 상태, 심지어 열대 소나기까지 모사한 코스에서 접지력을 테스트했다.

최종 점검

Bugatti 공장으로 돌아오면 Chiron의 외관 역시 멋지게 단장된다. 패널의 도색이 마르면 철저히 연마하고, 검사를 거쳐 다시 연마한다. 그 후 폭풍우 시험을 할 수 있는 특수 지역으로 보낸다. 실내에 누수가 없으면 3일 동안 두 사람이 고급 인테리어로 실내를 꾸민다. 양극산화막 처리된 알루미늄으로 만든 제어 버튼과 노브들은 운전자가 쉽게 접근할 수 있는 위치에 최적으로 배치된다. 고객은 또한 23가지의 가죽 색상, 31가지의 실밥 색상, 11가지의 안전벨트 색상 등 다양한 옵션 중에서 선택할 수 있다.

부가티는 Chiron을 500대만 한정 생산할 예정이다. 이는 고객이 독점적인 감성을 가지도록 보장하기 위함이다. 더욱이 단 1대의 자동차를 만들고 300km 이상의 도로 테스트를 거치는 데 총 6~9개월이 걸리기 때문에 어쩔 수 없는 결과이다. 마지막 야외 주행시험 중에는 이가 빠짐과 긁힘을 방지하기 위해 자동차를 투명 필름으로 감싼다. 이 테스트가 완료되면, 차량을 라이트 룸으로 보내 아주 세밀하게 밀리미터 단위로 검사한다. 이 최종 점검을 통과해야만 Bugatti의 승인 스탬프를 받는다. 그 후 속도와 출력의 화려함을 창출하는 새 고객에게 인도된다.

중요한 통계

Bugatti Chiron이 다른 차를 앞설 수 있게 해주는 중요한 통계 숫자들.

차체를 도색하기 전에 패널의 결함을 다듬는 데만 수 일이 걸릴 수 있다.

1분당 공기 60,000리터가 순환한다.

회전속도 상승
4대의 슈퍼차저는 모두 3,800rpm으로 작동하므로, 엔진은 쉽게 6,000rpm을 초과할 수 있다.

접지 유지
스포일러는 너무 큰 저항을 일으키지 않고, 도로와의 좋은 접촉을 유지하도록 다운-포스(down force)를 제공한다.

좋은 그립(grip)
타이어는 격심한 중력과 열에 견디도록 미쉐린이 설계했다.

풍력
측면 공기 흡입구는 곡선형 윈드쉴드 프레임 주위로 흐르는 공기흐름을 모은다.

튼튼한 디스크
뒤 브레이크 디스크의 지름은 400mm이고 앞쪽 브레이크 디스크 지름은 420mm이다.

2.5초 0-100km/h 4 터보 차저

결점에 대한 또 다른 검사는
라이트 터널에서 수행한다.

"부가티는 Chiron을
500만 한정 생산 예정"

완벽한 제어
운전자는 스티어링 휠에서
손을 떼지 않고도 모든 필
수 기능에 접근할 수 있다.

실내의 안락성
내부는 고급스럽고 효
율적이며, 모든 장치에
쉽게 접근할 수 있고,
최고급 가죽 또는 양극
산화막 처리된 알루미
늄으로 마감하였다.

밝은 전조등
부가티는 풀-LED 프로
젝터 헤드램프가 자동차
에 장착된 가장 납작한
전조등이라고 말한다.

도어 주변의 틈새도
Bugatti의 사양과
일치하는지 점검, 확인한다.

16실린더
1,500hp
Veyron보다 500hp 더 높은 출력

최고 속도
420km/h(속도제한)

Pit-Bull VX

빠르고 민첩하고 방탄이 되는, 이 장갑 기동대 차량은 범죄자들을 제압하는 새로운 유형의
튼튼한 경찰차 중 하나이다.

Pit-Bull VX는 ARV(기동 타격대 장갑차량)이다. SWAT(기동타격대)용으로 특별히 설계된 ARV는 소형 무기 총탄에 대한 방탄기능은 있지만, 군용차량과 같이 대포 및 대전차 무기 방탄 기능은 없다.

ARV는 군용보다 장갑이 가벼워 속도가 빠르고 민첩하다. 따라서 비상 상황에서 최초 출동 차량으로 적합하다. ARV는 외부가 견고하므로, 현장에서 공격 팀을 적절한 위치에 배치하거나, 인질 구출용 사격기지로서 전술적으로 사용할 수 있다.

과거 경찰 팀은 상업용 픽업트럭이나 밴을 사용하였다. 이는 출동 시간은 상당히 빠르지만, 그저 사건 현장에 도착하는 수단에 불과하다. 일부 SWAT(기동타격대)는 군용차량

을 사용하기도 하지만 무게와 이동성의 부족으로 응급상황에 대한 최초 대응 차량으로는 문제가 있다.

Pit-Bull과 같은 ARV는 비무장 차량의 속도와 장갑차의 보호기능 사이에서 대안을 제공한다. Pit-Bull은 소형 무기 사격으로부터 대원 8명을 보호할 뿐만 아니라, 수류탄 방탄기능이 있으며, 발사 포트를 통해 내부에서 총기를 발사할 수 있다. PA(방송) 시스템과 원격제어 서치-라이트를 사용하여 차량에서 내리지 않고도 범죄자와 통신하고 현장을 조명할 수 있다.

7.5톤 Pit-Bull VX의 앞 범퍼는 협상이 결렬되면, 특별히 도어 파괴 해머로 사용할 수 있도록 설계되었다.

모바일 요새의 내부

Pit-Bull VX를 무적으로 만들기 위해
모든 노력을 기울였다. 여기에서 알아보자.

해치
신속한 비상 탈출용으로 지붕에 비상구가 2개 있다.

라이딩 샷건
지붕의 포탑 해치를 열고 경찰은 정찰하거나 화재를 방지하기 위해 지붕에 올라갈 수 있다.

조명
내부에서 강력한 투광 조명을 작동하여 사건 현장을 조명할 수 있다.

Pit-Bull은 고성능 소총, 수류탄과 지뢰까지도 막을 수 있도록 설계되었다.

램 해머
거대한 앞 범퍼가 차체에 직접 연결되어 충격력을 극대화한다.

곡선형 보디
Pit-Bull의 장갑 차체는 평평한 표면이 없도록 설계되고, 지붕이 경사져있어 수류탄과 휘발유 폭탄 등이 굴러떨어진다.

장갑 Pit_Bull 만들기

Pit-Bull VX는 Ford F-550을 기반으로 한다. 튼튼한 4륜구동 픽업트럭인 이 트럭은 미국 건설산업의 역군이다. F-550의 6.7리터 V6 엔진과 변속기 및 섀시는 Pit-Bull VX에 사용된다. 그러나 다른 모든 것들은 장갑 또는 특수 목적에 맞게 제작되었다.

연료 탱크, 배터리 및 배기관은 강철 장갑판으로 덮여 있으며, 서스펜션 또한 강화되었다. 평크가 났을 때 최대 48km/h(30mph)의 속도로 작동하는 튜브리스 런-플랫 타이어를 사용한다.

타이어가 파손되었을 경우에도 Pit-Bull VX는 여전히 군용등급 휠림에서 작동할 수 있다. 방탄 강판은 지뢰와 수류탄에 강한 바닥을 만드는 데 사용하며 본체는 방탄 판재를 겹쳐서 만든다.

이 차량은 미국 국립 법무원(NIJ) 표준에 따라 제작, 테스트하였다. 장갑차량임에도 불구하고 Pit-Bull의 총중량은 F-550의 최대 적재량보다 1,000kg(2,200파운드) 가벼우며, 동일한 속도와 성능을 유지한다.

방탄 유리

방탄 윈드쉴드와 창문은 Pit-Bull VX 요원에게 뛰어난 가시성을 제공하며 또한 총탄을 맞아도 끄떡없다는 것을 의미한다. 현대적인 방탄 또는 탄도 유리는 라미네이트 윈드쉴드와 동일한 방법으로 제조한다. 투명한 플라스틱의 얇은 폴리-카보네이트 필름을 유리판 사이에 접착한다. 유리의 외부 층은 종종 더 연해서 탄환의 충격에도 산산조각이 나지 않고 흠집만 난다. 총알은 바깥쪽 유리판재를 뚫지만, 폴리 카보네이트 필름이 총알의 에너지를 흡수하여 유리의 내부 층을 관통하지 못하게 한다. 요구되는 보호 수준에 따라 방탄 유리 창은 여러 층의 유리와 폴리 카보네이트 필름을 사용한다. Pit-Bull의 창은 최대 7.62 x 51mm(0.3 x2.0 인치) 구경 탄환(예 : AK-47)까지 막을 수 있다.

틈새 없음
5개의 도어 모두에서 장갑이 겹치므로 총알이 들어올 틈새가 없다.

탄도 유리
Pit-Bull의 모든 창은 미국 NIJ에서 테스트한 파손방지 다층유리로 제작되었다.

건-포트
기동타격대는 도어와 창에 장착된 건-포트를 통해 내부에서 무기를 사용할 수 있으므로, 추가 안전을 확보할 수 있다.

신속한 출입
뒷쪽 도어는 폭이 1m가 넘기 때문에 중무장한 타격대원이 바르게 출입할 수 있다.

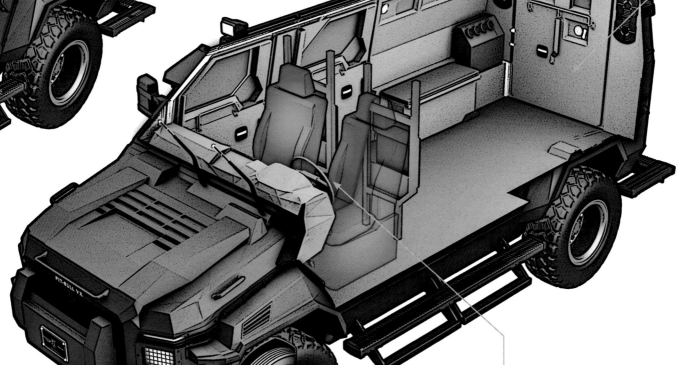

터프한 타이어
튜브리스 미쉐린 타이어는 펑크가 나도 작동할 수 있으며, 군용등급 휠림은 타이어가 완전히 파손된 경우에도 차량을 지지할 수 있다.

운전
운전자 교육을 간단하게 하고자, 기존 F-550의 운전 위치와 컨트롤은 그대로 유지하였다.

몬스터 트럭

이 초대형 모터스포츠 뒤에 숨겨진 놀라운 엔지니어링을 파헤쳐 보자.

매년 전 세계 수백만 명의 팬들은 이 거대한 괴물의 놀라운 파워와 강력한 힘에 매료되어, 몬스터 트럭이 빠르게 돌진하고, 경주하고, 포효하는 모습을 보기 위해 여행한다. 한때는 거들떠보지도 않던 괴물이 이제는 매력덩어리가 되었다.

이 스포츠는 더 큰 서스펜션과 더 큰 타이어를 장착, 개조한 픽업트럭으로 시작했으나, 몬스터 트럭은 거대한 바퀴와 인상적인 지상고, 그리고 유리섬유 차체를 포함한 튜브형 섀시를 갖춘 완전한 맞춤형 구조로 진화했다. 섀시에 별도로 부착할 수 있어 손상 시 쉽게 교체할 수 있다.

중력을 거스르는 이 거인들은 튕기고, 충돌하고, 전복하도록 설계된 내구성이 강한 괴물들이다. 몬스터 트럭은 진로의 모든 것을 분쇄하여 관객을 사로잡는다. 이 트럭 타이탄의 무게는 일반적으로 4.5톤 정도이며, 높이 10m, 길이 60m를 뛰어넘을 수 있다. 727 제트기를 뛰어넘는 최초의 몬스터 트럭 중 하나인 빅풋(Bigfoot)을 이길 수 있는 트럭은 거의 없다!

아마추어 몬스터 트럭 운전은 재미있는 취미처럼 보이지만 경쟁 규칙은 실제로 게임 수준을 높이고 있다. 경주하려면, 몬스터 트럭이 규정된 사양을 갖추어야 한다. 차량은 높이 3.6m, 폭 3.6m 이상이어야 하고, 거대한 209kg BKT 168cm 오프로드 타이어를 장착해야 한다. 이 타이어는 트레드가 매우 깊어 최적의 견인력을 제공하며, 이 거대한 트럭을 안정적으로 통제하고 안전하게 운전하는 데 필요하다.

12인승 Sin City Hustler는 가장 긴 몬스터 트럭으로 라스베이거스 관광객용 몬스터 트럭 리무진으로 설계되었다.

몬스터 트럭은 일반적으로 자유형 대결에 앞서 2대 2 경주의 형태로 서로 대결하며, 공중 점프, 앞바퀴 들기 및 도넛을 그리면서 멋진 스턴트를 과시할 수 있다. 주행경로에 배치된 캐러밴, 버스 및 기타 장애물을 운전자가 몬스터 트럭의 힘으로 파손하며 주행하는 것이 자유형 대결이다.

몬스터 트럭 제작하기

몬스터 트럭은 일반적으로 4륜구동 픽업트럭과 같은 특별한 차량의 차체를 기반으로 새로운 삶을 시작한다. 구성부품은 대부분 더 내구성이 있고 견고한 것으로 업그레이드되지만, 기본 차체의 엔진과 변속기를 포함해서 일부 부품(장착 브래킷 포함)을 재사용할 수 있으면 좋다:

중력을 거스르는 이 거인들은 튕기고, 충돌하고, 전복하도록 설계된 내구성이 강한 괴물들이다.

크기에도 불구하고 몬스터 트럭은 선회반경을 작게 할 수 있다.

역사상 가장 영향력 있고 상징적인 몬스터 트럭 중 하나는 Grave Digger로, 유명한 흑색 묘지 도색과 거친 명성을 자랑한다.

몬스터 트럭의 레코드 북

최초의 몬스터 트럭 백 플립
몬스터 트럭을 공중에서 뒤쪽으로 뒤집으려면 기술과 두둑한 배짱이 있어야 한다. 누군가 대회 밖에서 그것을 달성했다는 주장이 있었지만, 2010년 2월 캐나다인 Cam McQueen이 Jacksonville Monster Jam에서 기네스 세계기록 승인 첫 번째 공연에서 성공적으로 수행하였다.

가장 빠른 몬스터 트럭
Raminator는 거대한 크기와 무거운 타이어로 인해 속도가 느려지지 않는다. Mark Hall은 2014년 12월 미국 텍사스 오스틴에서 세 번이나 기록을 세웠으며, 각각의 기록은 이전보다 더 빨랐다. 그는 마지막 시도에서 무려 159.49km/h를 달성했다!

가장 긴 몬스터 트럭
거대한 9.75m 길이의 Sin City Hustler는 Big Toyz Racing의 Brad와 Jen Campbell에 의해 몬스터 트럭 리무진으로 제작되었다.

가장 긴 램프 점프
약 4,500kg의 Bad Habit 몬스터 트럭은 상대가 없다. 2013년 9월 미국 펜실베이니아주 콜럼버스에서 드라이버 Joe Sylvester가 72.42m 점프에 성공했다!

가장 큰 몬스터 트럭
역사상 가장 큰 몬스터 트럭은 1986년에 제작되었으며 Bigfoot 5로 알려져 있다. 높이 4.7 미터, 무게 17,200kg으로 세계에서 가장 무거운 몬스터 트럭이다. 3m 높이의 타이어는 미군이 알래스카에서 사용하는 거대한 차량에서 가져왔다.

트럭을 진정한 괴물로 변모시키기 위해 부품을 더욱 튼튼한 것으로 업그레이드했다. 종종 이러한 대체품은 중고 군용차량에서 가져오며, 스티어링 액슬과 리어 디퍼렌셜을 견고하게 만든다. 서스펜션은 지상고를 높이고 거대한 바퀴를 사용하기 위해 추가로 0.9 미터에서 2.4 미터까지 높인다. 업그레이드된 엔진은 물론이고, 큰 충격에도 견디는 변속기 및 트랜스퍼 케이스가 필수이다. 이들이 거대한 괴물의 작동에 필요한 파워를 공급한다.

안전

몬스터 트럭은 추락하고 충돌하도록 제작되지만, 이는 운전자와 팬의 안전을 위해 특별한 장비가 필요함을 의미한다. 아마도 가장 중요한 기능은 몬스터 트럭의 전기를 빠르게 차단할 수 있는 3개의 차단 스위치가 장착되어 있다는 점이다. 하나는 운전자의 손이 닿는 곳에, 다른 하나는 트럭의 뒤쪽에, 마지막은 진행요원이 휴대하는 엔진용 원격 점화 차단기이다. 이러한 시스템은 트럭이 전복되는 경우 화재 위험을 최소화할 수 있도록 배치되어 있지만, 브레이크가 고장 나거나 차량을 제어할 수 없고 안전하지 않은 것처럼 보이는 경우에도 사용할 수 있다. 일반적으로 트럭의 내부 움직이는 부품은 부상을 방지하기 위해 차폐되어 있으며 고압 구성품은 튼튼한 띠로 감싼다.

운전자를 보호하기 위해 롤-바와 안전 케이지를 설치해야 하지만, 운전자는 헬멧, 방화복, 5점식 안전벨트, 머리 부상 방지용 머리와 목 보호대 등과 같은 보호 장비를 착용하고 대회에 참가해야 한다.

대부분 운전자는 운전실 중앙에 앉아 있으며, 폴리 카보네이트 스크린으로 보호되어 트랙의 돌, 진흙 또는 파편으로부터 보호된다.

몬스터 트릭

몬스터 트럭은 스턴트 점프를 어떻게 수행하나?

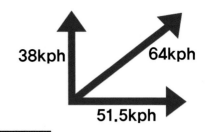

38kph
64kph
51.5kph

발진 속도

이 예에서 차량은 45도 경사로를 향해 가속하는데, 발진속도가 64km/h에 달한다.

세계 챔피언 Tom Meents가 2015년 6월 13일 뉴저지 이스트 러더퍼드의 MetLife 스타디움에서 몬스터 트럭 Max-D의 프론트-플립을 최초로 시도한다.

기울기 각도

트럭의 무게 중심이 바깥쪽 타이어로 이동한다.

몬스터 트럭은 차를 깔아 뭉갤 수 있는 극한의 힘으로 다른 차에 낙하할 수 있다.

4륜 조향

몬스터 트럭은 4륜 조향을 사용하여, 매우 작은 원을 만들고, 차량은 자신의 안쪽 앞 바퀴를 중심으로 돈다.

51.5kph

최고 고도
몬스터 트럭은 51.5km/h의 속도로 공중을 날며, 최고 고도 10m에 도달한다.

51.5mph

71.5kph

50kph

"트럭을 진정한 괴물로 만들기 위해 부품을 더욱 튼튼한 것으로 교체, 업그레이드했다"

10m

하강
트럭은 중력에 의한 가속으로 약 71.5km/h의 속도로 지면에 떨어진다.

타격력
4.5톤 트럭이 아래에 있는 차량에 약 40톤의 파괴력으로 타격을 가한다.

수재민 구조에 투입된 몬스터 트럭

2017년 8월 허리케인 하비(Hurricane Harvey)로 미국 걸프 연안에 천문학적인 수치의 폭우가 내렸을 때 수만 명의 사람이 대피해야 했다.

수재민을 돕기 위해 보트 200대, 트럭 300대, 구조요원 600명이 동원되었다. 이들과 합류한 사람은 Josh James와 그의 친구들이었다. 이 자원봉사자들은 함께 모여 몬스터 트럭 구조대를 조직하여 구호활동에 참여하였다. 지면으로부터 3m 높이의 트럭이 서서 빠른 물길을 막고, 다른 차량이 움직일 수 없는 곳에서 엔진에 물이 들어가지 않도록 할 수 있었다.

임시 구조대는 긴급 차량을 구출해 더 높은 곳으로 이동하는 작업을 수행하였으며, 집 꼭대기 층에 좌초된 사람들을 안전하게 구출하였다.

몬스터 트럭 Old Habits가 2017년 9월 1일 텍사스 Port Arther에서 주민들이 발전기를 옮기는 것을 도와주고 있다.

27

하이브리드 파워

차세대 경주용 자동차
NEXT-GEN RACE CARS

공개: 레이싱의 미래를 바꿀 기술 혁신

가상 조종석

낮은 무게중심

동봉된 수레바퀴들

모터스포츠를 생각할 때 무엇이 보이는가? 특수 제작된 고성능 머신을 조종하는 영웅적인 드라이버? 아니면 단순히 시끄럽고 더러운 차가 지구를 불필요하게 오염시키는 것일까? 포뮬러-1, 인디-500 또는 르망 24시간 레이스를 좋아하는 사람들은 전자를 선택할 수 있지만, 사회의 더 넓은 영역에서는 후자에 관한 생각도 강하다고 말할 수 있다. 그러나 당신이 모를 수도 있는 것은, 승리라는 명백한 목표 외에도, 자동차 제작사들은 항상 모터스포츠를 자동차 진화를 위한 시험장으로 사용해왔다는 사실이다.

오늘날 도로에서 볼 수 있는 자동차의 엔진, 서스펜션과 차체 디자인은 모두 원래 디자인과 창작물을 한계까지 테스트하는, 타협하지 않는 환경인 레이스트랙에서 개발되었다. 레이스가 없었다면 윙이나 스포일러, 터보차저, 심지어 더블 클러치 기어박스도 없었을 것이다. 그리고 이러한 진화가 항상 속도라는 이름 아래 있는 것은 아니다. 위의 모든 진화는 자동차를 더 빠르고 깨끗하게 만드는 데 사용되어 엔진효율을 높이고 연료소비를 줄인다. 즉, 한 번의 주유로 훨씬 더 먼 거리를 주행할 수 있다.

그리고 디지털 시대에 이 점진적인 진화는 물론 레이스트랙에서 시작하여 자동차의 기능을 진화시키는 스프린터가 되었다. 최근 몇 년 동안 우리는 도로에서 하이브리드 자동차가 눈에 띄게 늘어나는 것을 목격했다. 하이브리드 시장에서 Toyota나 Porsche와 같은 선수가 최고 수준의 지구력 레이스에서 지난 5년 동안 하이브리드로 달리고 있다는 점을 고려할 때 우연이 아니다.

따라서 우리는 현재 기술에서 도로 주행의 즉각적인 미래를 바라볼 수 있으며, 이는 단순히 에너지를 소비하는 것이 아니라 하이브리드 기술과 에너지 회수를 중심으로 한다. 따라서 내연기관과 축전지를 모두 장착한 하이브리드는 제동할 때 제동 에너지를 재활용하여 전기에너지를 회수하고 있다.

> **"오늘날 도로에서 보는 자동차들은 원래 레이싱트랙에서 개발된 것들이다."**

레이싱 그 자체의 미래는? 글쎄, 레이스의 미래가 전기동력에 있다는 것은 의심의 여지가 없다. 전설적인 르망 24시간과 같은 레이스를 담당하는 세계 지구력 챔피언십은 더욱 클린한 자동차에 대한 규칙을 만들고 있으며, 포뮬러-E와 같은 챔피언십은 이미 전기자동차를 세계 무대로 끌어 올리고 있다. 오늘날 레이싱에서 무슨 일이 일어나고 있는지 이해한다면, 앞으로 몇 년 안에 도로에 어떤 차량이 등장할지 알 수 있을 것이다.

Indy 500 자동차는 터보차저로 최대 700마력을 낸다.

르망 24시간 레이스는 1923년부터 거의 매년 개최되고 있다.

F1은 모터레이싱의 가장 인기 있는 형태로 계속되고 있다.

포뮬러-1 대 포뮬러-E
최고 수준의 모터레이싱의 미래는 어느 것일까?

비슷한 모터스포츠 같지만 Formula-1(또는 F1)과 Formula-E(FE)는 완전히 다르다. F1은 오랜 역사를 자랑하는 챔피언십으로 싱글-시트 개념을 극한까지 끌어올리는 글로벌 스포츠이다. F1은 가장 빠른 자동차, 1950년으로 거슬러 올라가는 긴 역사, 그리고 많은 세대의 모터스포츠 팬들이 존경하는 전설을 가지고 있다. 반면에 FE는 새롭게 탄생한 레이싱이다. 2014년에 시작된 FE는 단순히 에너지를 소비하는 것이 아니라 재생 가능한 에너지에 주목하는 완전한 전기자동차를 사용

한다. 가장 큰 도전에 직면한 FE는 e-레이싱을 관중에게 매력적인 경기로 만들기 위해 노력하고 있으며, 따라서 FE-자동차는 F1 차량과도 매우 비슷하게 보인다.

최근 수년 동안 F1은 에너지 회수 시스템이 머신을 효과적으로 하이브리드로 변모시키면서 더 친환경적인 기술을 채택하기 시작했다. 2014년 FIA(F1 관리기관)는 모든 자동차가 경주에 사용하는 연료량을 1/3까지 줄이도록 명령했다.

FE는 F1의 상업적 성공에 위협이 되지 않을 것

이다. 그 이유는 F1이 세계 최고의 서킷을 누비는 데 반해, FE는 특별히 제작된 서킷 대신 울퉁불퉁하고 배수로가 있는 도로 코스를 사용하기 때문이다. 또한 자동차 레이싱의 매력 중 하나는 전기자동차 구동모터의 날카로운 고주파 사운드가 아니라, 극한에서 작동하는 엔진의 우렁찬 함성이다. 이 부문에서는 F1이 우위를 차지하고 있다. 따라서 FE가 조만간 중심 무대를 차지할 가능성은 적다. 그러나 앞으로 몇 년이 지나면, F1이 순수 전기기술을 채택할 가능성이 크다.

하이브리드 기술
MP4-X에는 가솔린엔진을 사용하지만, 태양전지와 레이스트랙에 설치된 유도성 커플링을 포함한 다른 에너지기술도 사용한다.

드라이버 기술
생체 원격 측정기술은 수분 공급 및 피로 수준을 포함한 운전자의 상태를 감시한다. 레이스 슈트는 가볍고 에너지를 회수할 것이다.

밀폐된 조종석 디자인
현재의 F1 디자인을 기반으로 하는 MP4-X에서는 드라이버 보호를 위해 조종석을 완전히 밀폐하였다.

공기역학에 적응
자동차 섀시는 주행 중에 모양을 바꿀 수 있으며, 서로 다른 속도에서 자동차에 작동하는 공기역학적 힘에 적응한다.

타겟 광고
MP4-X는 대중들의 검색 습관에 따라 개별적으로 선정된 광고로 덮여 있다.

지면 효과
MP4-X는 지면효과 원리를 활용하며, 거대한 벤투리 채널이 차를 노면에 밀착시키게 한다.

McLaren MP4-X 콘셉트
이 차세대 포뮬러-1 머신은 미래의 스포츠를 선도하고자 한다.

조종석 : 드라이버의 안전도 개선

F1 머신에는 드라이버가 차에 올라타기만 하는 열린 조종석이 있다. 이는 관중이 드라이버의 행동을 더 많이 볼 수 있다는 것을 뜻하지만 운전자의 머리는 노출된다. 이로 인해 충돌이 발생하거나 파편이 튀거나 자동차 부품과 접촉할 경우, 상당한 위험에 처하게 된다. 2014년 Marussia 드라이버 Jules Bianchi의 비극적인 사고로 인해 안전을 염두에 두고 조종석을 극적으로 재설계하도록 대책을 세웠다. 두 가지 디자인이 등장했다. Mercedes와 Ferrari가 개발한 '후광' 디자인은 운전자를 가로지르는 플립플롭의 끈처럼 보이는 디자인으로, 바로 정면의 모든 장애물로부터 드라이버를 보호하는 형식이며, 또한 Red Bull이 조종하는 폐쇄적이고 투명한 '에어로-스크린'도 있다. FIA는 2017년에 사용될 조종석으로 후광을 채택했지만, 향후 에어로-스크린이 승인될 수도 있다.

드라이버의 머리가 노출된, 열린 조종석은 곧 퇴출될 수도 있다.

포뮬러 E의 미래차

Mahindra Racing의 컨셉에서
스포츠의 미래를 엿볼 수 있다.

탄소섬유 차체

Mahindra 컨셉은 차체
전체를 탄소섬유로 만들
어 강하고 가볍다.

에어로 스쿠프

이 개념은 기존의 날개 폐
쇄형 조종석 대신에
스쿠프 모양의
공력 장치로
실험한다.

밀폐된 조종석

이를 통해 날아다니는 잔해물로부터 드라이
버를 안전하게 보호할 수 있지만, 투명한 상
부는 똑같이 중단 없는 시야를 제공하고 관중
이 내부를 볼 수 있도록 한다.

낮아진 높이

이 콘셉트 카 차체의 대부분은 바퀴
보다 높지 않다. 무게중심이 낮아서
빠른 코너링에 이상적이다.

숨겨진 바퀴

차체로 감싸진 바퀴는 항력을
줄이는 데 도움이 되며, 차량이
공기 속을 훨씬 더 빠르게 미끄
러지도록 한다.

360도 시야

McLaren 주변에 위치한 카메
라는 운전자의 헬멧에 라이브
이미지를 제공하여 전투기 기술
처럼 머신의 360도 뷰(view)를
제공한다.

드래그 감소

지면 효과를 강화하는
휠 가드는 공기가 휠 안
으로 들어오지 않고, 휠
위쪽으로 흐르게 하여
자동차에 작용하는 공
기저항도 낮춘다.

소음 :
공해 또는 경험의 일부?

소음이라는 주제는 모터스포츠에서 견해 차이가 크다.
레이싱 팬에게는 자동차에서 나는 강력한 포효가 모두
경험의 일부이지만, 소음 공해 측면에서 고려해야 할 더
광범위한 책임이 있다(청각 손상은 말할 것도 없음). 현
재로서는 팬의 경험이 우선인 것 같다. 2015년 F1 머신
이 터보차징으로 전환된 후, 관중들로부터 새 엔진의 밋
밋한 사운드에 대한 불만이 많았다. 2016 시즌 배기관
규정의 변경으로 인해 많은 팬이 여전히 못 미더워 하지
만, 상징적인 사운드 일부가 재현되었다.

포뮬러-E에서는 관중에게 영감을 주지 못하는 구동전
동기의 휘닝 사운드를 가리기 위해 가짜 엔진 사운드의
사용을 고려했다. 이 아이디어는 채택되지 않았지만, 팬
들이 난폭한 F1의 사운드를 사랑하는 만큼, 무시무시하
게 조용한 모터스포츠를 사랑하는 방법을 배울지는 아
직은 미지수이다.

터보저 엔진이 F1 레이스의 특징인 포효 사운드
를 바꿨다.

Formula E 자동차는 너무 조용
해서 가끔 DJ 세트를 레이스에
동반한다.

오늘날의 프로토타입은 첨단 레이서이며, 이들의 기술은 곧 도로 주행 자동차로 이전될 것이다.

이정표 1
1923년 최초의 레이스
최초의 르망 레이스에서는 Chenard et Walcker사의 André Lagache와 Réné Léonard가 우승했다.

이정표 2
1949 대체 연료
Delettrez 형제는 디젤차로 처음으로 레이스에 참가했다.

이정표 3
1953 디스크 브레이크
영국의 Jaguar는 디스크 브레이크를 장착, 제동효율을 개선하였으며 1위와 2위를 모두 차지했다.

이정표 10
2030 순수 일렉트릭 레이싱?
하이브리드 클래스가 더욱 친환경적 레이싱을 추구함에 따라 향후 15년 이내에 프로토타입이 완전 전기식 파워 트레인으로 전환될 것으로 예상할 수도 있다.

이정표 9
2016년 그 어느 때보다 적은 연료
포르쉐는 2016년 새로운 규정에 따라 전년도보다 1회전(랩)당 연료를 7% 적게 사용하여 트로피를 수상했다.

진화를 위한 레이싱
르망 레이스가 오늘날 우리가 알고 있는 자동차 세계를 발전시키는데, 어떻게 도움이 되었는지 알아보자.

이정표 4
1967 '슬릭' 타이어
Michelin은 건조한 트랙에 점착력이 더 좋은, 트레드가 드러운 타이어인 최초의 '슬릭' 타이어를 출시했다.

이정표 8
2012 하이브리드 우위
불과 6년 후 Audi R18 e-tron이 최초의 하이브리드 승자가 되면서 다시 한 번 기술장벽을 허물었다.

이정표 5
1974 터보 엔진
포르쉐는 최초의 터보 엔진을 르망 레이스에 투입, 같은 양의 연료로 더 많은 파워를 발휘하여 레이스에서 우승했다.

이정표 7
2006 디젤 승리
아우디 R10은 르망에서 우승한 최초의 디젤차가 되었으며, 주말 내내 6,400km 이상을 달렸다.

이정표 6
1998년 초기 하이브리드
미국인 Don Panoz는 엔진과 함께 전기모터가 장착된 자동차를 설계했으나, 레이스에는 출전하지 못했다.

르망 : 기술의 테스트 베드
세계에서 가장 유명한 르망 24시간 레이스는 차세대 자동차 기술의 시험장이다.

아마도 지구상의 그 어떤 레이스보다도 더 긴 르망 24시간 레이스는 자동차 회사들에게는 항상 신기술을 시험하는 확실한 무대였다. '일요일에 승리, 월요일에 판매'라는 접근 방식을 최고 수준으로 끌어올리는 자동차회사들은 La Sarthe 주변의 유명한 무대를 이용하여 영업적 성공과 엔지니어링의 독창성을 결합한다. 레이스에서 진화하는 기술에 대한 이러한 끊임없는 노력은 프로토타입 카로 경주할 수 있도록 허용하는 레이스의 전통에서 비롯되었으며, 제작사는 기존의 도로 주행 자동차에 적용하지 않고 백지에서 새로운 기술을 시험할 수 있는 플랫폼을 이용하였다. 이 방식은 최근 몇 년 동안 특히 유익한 것으로 입증되었다. AUDI 프로토타입 카는 최초로 디젤로 르망에서 우승하고

나중에는 하이브리드 파워로 우승한 최초의 레이싱카가 되었다.

24시간에 걸쳐 배운 교훈을 통해 자동차와 기술이 최댓값에 도달한 것으로 확인되면, 제작사는 이를 미세 조정하여, 나중에 쇼룸에 전시할 수 있다. 예를 들어, 도로에서 수천 대의 디젤 자동차를 책임졌던 Audi가 지난 10년 동안 르망에서 디젤 레이서로 우뚝 선 반면에, 프로토타입 LMP1 클래스에서 하이브리드로 레이싱한 Porsche와 Toyota는 모두 하이브리드 모델의 가장 큰 제작사가 되었다.

르망은 자동차회사를 위한 단순한 시험장이 아니다. 타이어회사와 연료회사도 실제 연구를 위해 레이싱을 활용한다. 예를 들어 Michelin은 오래 사용할 수 있는, 환경친화적인 고급 타이어 화합

물을 개발하였다. 24시간 동안 성공적으로 주행한다면(차 당 약 5,200km의 거리를 주파), 도로 주행 슈퍼카에 적용하기 위해 타이어를 더 다듬을 가능성이 크다.

1953년 레이서에서 볼 수 있는 윈드쉴드 와이퍼는 르망에서 처음으로 등장하였다.

드라이버의 관점 :
Nick Tandy

포르쉐의 영국 프로 레이싱-드라이버는 GT 및 최고 수준의 모터스
포츠에서 오랜 경력을 쌓아 왔으며, 르망 24시간과 데이토나 24시
간을 포함하여 세계에서 가장 유명한 레이스에서 우승했다.

Nick Tandy는 영국에서 가장 성공적인 프로 레이싱
드라이버 중 한 사람이다.

오늘날 드라이버에게 지구력 경주는 얼마나 힘든가?

많은 사람이 깨닫지 못하는 것은 현재 최고 수준
의 모터스포츠 카를 운전하려면, 신체적으로 건강
해야 한다는 점이다. 포뮬러-1이든 르망 레이서든
자동차는 매우 빠르고 접지력이 뛰어나며 고속으로
코너링할 수 있다. 즉, 자동차에 작용하는 힘 그리
고 드라이버는 특히 극단적인 힘(중력가속도 G를
여러 번 이야기함), 특히 목에 작용하는 힘을 견딜
수 있어야 할 뿐만 아니라 무엇보다 빠른 차의 운
전을 위해 집중력을 유지해야 한다. 따라서 드라이
버는 척추, 등, 위 및 일반적인 심장 상태를 포함하
여 지구력 레이스를 위한 많은 신체 훈련을 받는다.

기술이 자동차 레이스를 어떻게 바꾸었나?

자동차를 더 빠르게 만들었다. 물론 일부 지역에
서는 경쟁이라는 명목으로 기술이 제한된다! 운전
자의 역할도 바뀌었다. 예를 들어, 오늘날 일부 도
로 주행 차량에서 볼 수 있듯이 더는 기존의 'H'패
턴 수동 변속레버로 변속하지 않는다. 대신에 스티

어링 휠 컬럼 뒤에 장착된 패들을 당기는 것만으로
변속할 수 있다. 이제 전자장치가 자동차를 제어하
는 방식이 지루하게 들릴 수 있지만, 매개변수를 더
많이 가지고 놀 수 있으므로 더 흥미롭다. 기술 덕
분에 경주가 더욱 안전해졌다. 잊지 마시라. 1960
년대와 1970년대 레이스는 사고와 충돌로 악명이
높았으며 종종 치명적이었다. 오늘날은 매우 다르
다. 오해하지 마시라. 운전자는 모터스포츠가 위험
할 수 있지만, 자동차에 올라타고 있을 때 훨씬 더
개선된 안전장치가 있다는 것을 완전히 이해하고
받아들인다. 부상이나 더 나쁜 상황을 방지하기 위
해 오늘날은 안전장치를 갖추고 있다. 이제 자동차
가 말을 한다. 다양한 디스플레이를 통해 엔진과 타
이어가 얼마나 건강한지 정확히 알 수 있다. '쉬는
날'이 있으면, 우리의 모든 변명도 사라진다!

> **"기술 덕분에 괜찮은 드라이버와
> 위대한 드라이버 사이의 격차가
> 훨씬 더 두드러졌다."**

기술의 발전으로 일이 더 쉬워졌나요?

드라이빙 관점에서 볼 때 일이 많을수록 더 어렵
다. 그러나 그것은 좋은 드라이버와 위대한 드라이
버의 차이를 훨씬 더 크고 눈에 띄게 만든다. 단순
히 차를 타고 빠르게 운전하는 것이 더는 아니다.
자동차의 복잡한 시스템을 학습하여 최상의 결과
를 얻는 것이다.

프로토타입 카를 사용하는 24시간 르망에서는
평균적으로 랩당 일정한 양의 연료만 사용할 수 있
으므로, 완전히 밋밋하게 운전할 수는 없다. 균형을
찾아야 한다. 하지만 확실히 도움이 되는 것은 운전
시뮬레이터이다. 시뮬레이터는 이제 매우 훌륭하
고 현실적이어서 우리가 전에 경주한 적이 없는 트
랙이라면, 경주 전에 시뮬레이터로 트랙을 예습해
야 한다. 또한 운전 시뮬레이터를 사용하여 운전 스
타일을 개선하고 어떤 경우에는 차에서 다른 설정
을 시도할 수 있다. 이것들이 없다면 우리는 서킷에
도착한 후 모든 것을 추측에 의존해야 할 것이다.

레이싱의 미래가 어떻게 되리라고 생각하나요?

WEC[World Endurance Championship]에
서 순수 전기차를 볼 수는 없지만, 더 많은 하이브
리드화는 확실하다. 팬들에게는 더 빠르고, 더 경쟁
적이며, 더 긴장감이 있을 것이다. 자동차의 안정성
이 높아지고 있으므로 경주 중 은퇴자가 줄어들 것
이다. 어떤 사람들은 더 많은 기술을 추가하는 것이
방해요소라고 걱정한다. 그러나 나는 그 반대로 생
각한다. −어떤 원칙에서든 모터스포츠가 모두를 더
흥미롭게 만들 것이다.

Tandy는 기술이 레이싱 드라이버에게 더 많은 일을 할 수 있게 해주
었다고 믿지만, 관중들은 그보다 더 흥미로워한다고 생각한다.

Indy 500 : 세계 최고의 레이스?

이 미국 본토 레이스는 100년 이상의 진화를 자랑하고 있다.

길이 4km의 타원형 트랙을 달리는 자동차에서 얻을 수 있는 것이 많지 않다고 생각할 수 있지만, 유명한 인디애나폴리스 500 레이스(일반적으로 인디 500이라고 함)는 그 이름으로 1세기가 넘는 동안 레이스를 했으며, 자동차 분야의 눈에 띄는 혁신의 증인이 되었다.

Indy 500 서킷의 모든 논문은 연구용이었다. 1908년 트랙을 건설한 후 공동 소유주인 Carl G Fisher는 제작사들을 초청하여 경기장 뒤쪽에서 최고속도를 테스트하도록 했다. 1911년 유명한 Indy 500레이스가 탄생했다. 여기에서 경쟁자들

은 가장 빠르게 타원형 트랙을 200번(800km 또는 500마일) 돌아야 한다. 500마일에서 레이스 이름이 탄생했다. 기술 혁신은 거의 동시에 시작되었다. 1911년 이 레이스에서 최초로 백미러를 사용하였으며, 1920년대에는 피아트, 뷰익, 메르세데스와 같은 제작사와 2개의 개인 업체가 슈퍼차징과 4륜구동을 실험하였다.

세월이 흐르면서 자동차의 성능은 향상되고 동시에 연비도 개선되었다. 중간에 연료를 주유하지 않고 전체 레이스를 완주한 최초의 드라이버는 1941년 스턴트맨 클리프 베르제레였다. 규제는 전

년도보다 더 작은 엔진과 연료 탱크만 허용했음에도 기록을 작성하였다. 1952년, 제2차 세계대전에서 활약한 항공기에서 영감을 받아 터보차저가 장착된 최초의 레이스카가 설계되었으며, 1970년대에는 다운-포스 증가를 위해 반전 날개를 추가하였다. 그러나 진화를 향한 이러한 노력에는 많은 희생이 뒤따랐다. 지금까지 Indy 500 레이스에서 50명이 넘는 사망자가 발생했으며, 이는 다른 어떤 레이스보다 현저하게 많다.

오늘날, Indy 500 경쟁자들은 더 큰 엔진을 사용하지만, 포뮬러-1 이벤트와 매우 비슷하다.

인디 500 레이서의 미래

푸조 L500 R 하이브리드는 미국 최고의 레이싱 시리즈에 사용되는 자동차의 개념을 근본적으로 변화시킬 것으로 보인다.

가상 부조종사
자동차에는 좌석이 하나뿐이지만 가상 부조종사는 가상 현실 헤드셋을 사용하여 원격으로 레이스에 참가할 수 있다.

하이브리드 파워
L500의 출력은 500마력으로, 270마력은 가솔린엔진이, 115마력은 각 축에 장착된 전기모터가 생성한다.

경량
가솔린엔진과 전기모터 2대를 사용함에도 L500 R의 무게는 1,000kg에 지나지 않는다.

i-Cockpit
자동차 내에서 유동적인 캡슐로 설계된 i-Cockpit은 작은 핸들과 홀로그램 디스플레이를 갖추고 있다.

높이가 낮은 차체
미래형 푸조 레이서의 차체는 높이가 1m에 불과하므로, 항력이 적고 무게 중심이 낮다.

레이스 트랙에서 일반 도로까지
모터스포츠에 이름을 올린 10가지
소비자 자동차 기술

푸조 L500 R 하이브리드는
레이싱의 미래인가?

1 드래그 감소 시스템
F1 머신은 리어윙에 조절 가능한 플랩이 있어 항력을 줄이고 추격하는 드라이버의 추월 가능성을 높여준다. Porsche 918과 McLaren P1과 같은 많은 하이퍼 카는 오늘날 동일한 기술을 사용한다.

2 공기역학
자동차는 이제 슬림 라인 F1-머신에 처음 사용된 기술인, 더 적은 항력으로 공기를 가르도록 더 유선형으로 설계되었다.

3 다운포스
F1-머신에서 흔히 볼 수 있는 리어윙은 1970년대에 도로 주행 자동차에 사용하기 시작하여 고속도로에서의 그립을 향상시켰다.

4 하이브리드 파워
엔진은 이제 원래 지구력 레이서에서 사용했던 기술인 전기 파워유닛과 조화롭게 작동할 수 있다.

5 에너지 회수
하이브리드 및 전기 자동차는 르망 레이서와 마찬가지로 제동에너지를 회수한다.

6 능동 서스펜션
서스펜션은 이제 다양한 지형에 적응하고 더 부드러운 승차감을 제공하기 위해 능동 댐핑 시스템을 사용한다.

7 타이어
타이어는 레이싱카 개발 덕분에 더운 조건과 빠른 속도에서도 접지력이 개선

되었으며, 또한 더 유선형이어서 드래그 발생이 더욱 적다.

8 푸시버튼 시동
많은 최신 자동차는 고전적인 회전식 점화키를 레이싱카에서 사용하는 푸시버튼으로 대체하여 시동시간을 단축하고 있다.

9 탄소섬유
F1 머신은 거의 전적으로 탄소섬유로 제작한다. 이제 스포츠카는 가볍고 내구성이 뛰어난 탄소섬유를 차체에 사용한다.

10 변속기
반자동 변속기는 1970년대에 레이싱카에 처음 사용되었으며, 오늘날 스포츠카의 일반 사양이다.

하이브리드 기술은 스포츠카, 패밀리 세단, 심지어 SUV에도 보편화되고 있다.

© Peugeot

L500 R 하이브리드는 정지 상태에서 1,000m까지 주행에 19초가 걸린다.

오늘날 고성능 스포츠카에서 발견되는 단순한 리어윙도 1960년대 레이싱 트랙에서 처음 데뷔했다.

차세대 모터바이크

모터사이클을
미래의 가장 흥미로운
운송수단으로 만들
기술을 파헤쳐 보자.

전통적인 디자인 원칙이 BMW의 미래 모터바이크인
Motorrad VISION NEXT 100의 기반이다.

자율 주행차를 실험하는 주요 기술기업의 언론보도를 보고 교통의 발전이 바퀴가 4개인 차량에 국한된다고 생각한다면 다시 생각해 보라. 모터사이클은 자동차만큼 스릴 넘치는 첨단기술의 미래로 향하고 있다. 자동차에서 테스트되는 동일한 혁신이 모터사이클 제조업체의 주제에도 포함된다는 것은 이치에 맞는다. 결국, 최신 슈퍼바이크의 멋진 미래의 미학은 만화 시리즈 Judge Dredd와 영화 Tron, Terminator Salvation과 같은 대중문화에서 눈에 띄는 위치를 차지했다. 최신 스포

츠 바이크의 이미지는 매끄럽고 깨끗하며 강력한 미래의 개념에 완벽하게 들어맞는다.

좀 더 현실적인 수준에서 모터바이크 애호가들은 유지 보수 및 연료 비용을 낮추고 더 안전하면서도 환경친화적인 주행 방법을 찾는 것과 같은, 자동차 소유자가 어려움을 겪는 것과 동일한 많은 문제에 직면해 있다. 모터사이클 기술을 개선하기 위한 원동력은 상업적인 이익과 개인적 이익 모두에 있다.

최초의 양산 모터사이클인 Hildebrand & Wolfmuller는 1894년에 제작되었다. 엔진의 배

기량은 약 1,500cc이다. 표면적으로는 엔진 배기량이 클수록 더 큰 출력을 생성할 수 있다. 하지만 오늘날 가장 빠른 모터사이클에서 알 수 있듯이, 이는 전체적인 이야기와는 거리가 멀다. 최신 모터사이클 엔진은 1,000cc면 큰 것에 속한다. 그러나 최신 슈퍼바이크의 최고속도는 거의 320km/h에 달하며, Kawasaki Ninja H2R은 약 400km/h에 도달할 수 있다. 이는 최초의 양산 모터사이클에 비하면 거의 10배나 빠른 속도이다. 이러한 속도는 모터바이크 엔진이 추가 동력을 생성하거나

Kawasaki Ninja H2R

모터사이클로부터 원하는 것이 힘이라면, 이 단순한 기계에서 많은 것을 찾을 수 있다. 실제로 Kawasaki Ninja H2R은 매우 강력해서 도로에서 타는 것은 불법이다. 이 디자인은 물리학 원리와 정밀공학의 결정체이다. 폐쇄된 코스 라이딩 전용으로 설계된 바이크로서, 합법적인 도로용 양산 모터사이클의 일반적인 출력보다 훨씬 큰 출력을 내도록 특별히 설계된 엔진을 사용한다. 또한 제트전투기의 앞쪽 끝처럼 보이는 페어링이 함께 제공된다. 뾰족한 코, 카울 및 날개는 공기저항과 마찰로 인한 열 축적을 최소화하도록 직각형이다. 그러나 최첨단은 역학분만이 아니다. 최첨단 전자장치를 이용하여 400km/h에서도 주행이 원활하고 안전하며, 제어가 가능하다.

유성 기어
Kawasaki는 슈퍼차저의 동력을 전달할 수 있는 기어를 설계하기 위해 항공우주 부문에 눈을 돌렸다.

원심식 과급기
이 유형의 과급기는 본질적으로 엔진에 공기를 강제 공급하여 내부 연소를 촉진한다.

임펠러
이 부품의 회전으로 인해 공기가 과급기로 유입된 다음, 엔진으로 공급된다.

바퀴 들기
런치 컨트롤 모드를 사용하면, 라이더가 휠리(wheelie)를 하지 않고도 정지상태에서 최대로 가속할 수 있다.

빠르고 격렬한
이 슈퍼바이크는 영리한 디자인과 최첨단 엔진기술의 결과물이다.

전기적 연결
전자 시스템에는 코너링, 트랙션, 제동, 가속, 조향 및 기어변속을 돕는 기능이 포함되어 있다.

강렬한 바퀴
세계 슈퍼바이크 챔피언십 스타일의 휠은 경량 주조 알루미늄으로 제작되며, 뒤 타이어는 최대 견인력용으로 200mm이다.

998cc 엔진
4기통 엔진의 작동부품은 슈퍼차저를 따라잡을 수 있도록 미세 조정되어 있다.

터프한 브레이크
세미-플로팅 브레이크 디스크는 매우 빠른 속도에서 효과적인 제동을 보장하도록 초대형이다.

공기역학적 설계
경량 페어링은 다운포스를 생성하여 자전거를 고속에서 안정시키도록, 항공 엔지니어가 설계했다.

"가와사키 닌자 H2R은 도로에서 타기에는 출력이 너무 크다."

더 효율적으로 작동할 수 있도록 하는 기술 발전의 결과이다.

예를 들어 Ninja H2R에는 엔진출력을 도로에서 사용하기에 너무 높은 수준으로 높이는 과급기가 장착되어 있다. BMW S1000RR과 Ducati 1299 Panigale S와 같은 다른 슈퍼바이크와 함께 최고의 승차감을 보장하기 위해 바이크의 메카닉을 즉각적으로 제어하는 정교한 기능도 포함하고 있다. 여기에는 도로에서 일관된 그립을 유지하여 기동성, 제동능력 및 가속력을 개선하는 동적 트랙션 컨트롤이 포함된다. 기본적으로 트랙션 제어 시스템은 바퀴가 같은 속도로 회전하는지 계속 감시한다. 차이가 감지되면 뒷바퀴로 가는 구동력을 조절하여 속도를 늦출 수 있다. 한 가지 예는 이탈리아 회사인 GripOne의 3D 인텔리전스 시스템으로, 타이어 하중, 주행속도 및 바이크의 경사각과 같은 변수를 초당 최대 200회 측정하는 센서로부터 데이터를 수신한다.

유연한 스마트 소재가 기존의 조인트식 바이크 프레임을 대체한다면, 차세대 모터바이크는 훨씬 더 쉽게 조종할 수 있을 것이다. 이 아이디어는 2040년대 독일 자동차회사의 2륜 교통에 관한 비전인 BMW의 Motorrad VISION NEXT 100 콘셉트 바이크에 들어있다. 바이크의 소위 Flexframe은 조향에 반응하여 전체가 회전하는 하나의 부품이다. 이를 통해 움직이는 부품의 기계적 스트레스와 마모를 줄일 수 있다.

혼다 라이딩 어시스트

바이크가 가만히 서 있을 때도 똑바로 세울 수 있는 혁신적인 기술

자체 추진

Honda는 Riding Assist 기술로 라이더 없이 바이크를 문을 통해 시동, 정지 및 조향하도록 했다.

작은 조향

앞바퀴를 좌우로 약간 조향하면, 바이크를 똑바로 세우는 데 도움이 된다.

자체 변신기술

바이크가 가만히 서 있으면, 앞 포크의 각도가 바뀌어 휠이 바깥쪽으로 이동한다.

Hildebrand & Wolfmuller의 4행정 엔진은 최대 45km/h의 도를 발휘할 수 있었다.

자이로스코프 없음

상당한 무게를 추가하는 기존의 자이로스코프를 사용하는 대신에 Honda의 엔지니어는 ASIMO 로봇에 적용된 균형기술을 사용했다.

BMW에 따르면 이 바이크의 다른 특징은 지형에 맞게 조정되는 타이어와, 바이크가 주차되어 있는지 또는 움직이는지에 따라 공기역학을 개선하기 위해 모양을 바꾸는 엔진이다. BMW의 프로토타입에는 엔진을 눈에 띄지 않게 변경하는 디지털 컴패니언이 장착되어 있어, 일반적인 조건에서 엔진은 최적 상태로 작동한다.

VISION NEXT 100 및 Ninja H2R과 같은 최첨단 바이크가 온보드 컴퓨터를 한 단계 끌어 올렸지만, 라이더가 버튼 하나로 제동 및 변속과 같은 작업을 수행할 수 있는 전자장치는 이미 새로운 것이 아니다. 이제 많은 프리미엄 모터바이크는 라이더의 컨트롤과 엔진 사이의 기존 케이블 연결 시스템을 대체하는 Ride-by-wire 기술이 표준이 되었다. 예를 들어 라이더가 스로틀을 열면, 동작이 전기신호로 변환된다. 이 신호는 바이크의 전자제어장치로 전송되어 연료를 더 많이 분사하는 것과 같은 적절한 후속 조치를 시작한다.

무선 기술은 또한 라이더의 옷을 통해 바이크에 연결된다. 블루투스 지원 장갑을 사용하면 라이더가 음악을 듣고 전화를 받을 수 있다. 한편, 스마트 헬멧은 더욱 정교한 상호작용의 가능성이 있다. Skully는 2014년 성공적인 Indiegogo 캠페인을 통해 후방 카메라, HUD(헤드업 디스플레이)와 턴-바이-턴 방향 및 핸즈프리 통화 소싱을 위한 스마트폰 링크를 통합한 헬멧 개발자금을 모았다. 안타깝게도 생산에 들어가지 않았지만, 그것이 개발 중인 유일한 고급 모터바이크 헬멧은 아니다.

그린 머신들

19세기의 증기동력 벨로시페드(velocipede)와 똑같지는 않지만, 수소연료전지를 사용하면 더 친환경적인 모터사이클을 만들 수 있다.

연료전지는 수소 원자에서 전자를 제거하는 화학반응을 통해 전기를 생산한다. 산소는 나중에 이 전자 및 수소 원자와 결합하여 물을 생성한다. Suzuki는 2007년 도쿄 모터쇼에서 수소연료 전지를 사용하여 리튬 이온 배터리를 충전하는 Crosscage라는 오토바이를 출품하였다. 그러나 환경에 미치는 영향이 적으므로 매력적으로 들리지만 Crosscage는 아직도 프로토타입이다.

더 유망한 것은 Tesla의 자동차와 같이 전력 회로망이나 충전소에서 충전할 수 있는 배터리를 사용하는 것이다. Zero, Honda 및 Harley-Davidson 등 많은 회사가 이미 배터리 구동 모터바이크를 테스트하고 있다.

고급 모터사이클은 언젠가 수소를 연료로 사용할지도 모른다.

Airbus APWorks Light Rider

손으로 들 수 있을 만큼 가벼운 3D 프린팅 모터바이크를 만나보자.

속이 빈 프레임
프레임 일부는 속이 비어 있어 케이블이 통과할 수 있다.

경량
Light Rider는 무게가 35kg에 불과하므로 그 이름을 보증한다.

파손되지 않음
프레임은 스칼말로이(sca-malloy)라는 부식에 강한 알루미늄 합금이며, 이 합금은 티타늄만큼 강한 것으로 평가된다.

다층 구조
Scalmalloy는 수천 개의 알루미늄 합금 층으로 구성되며, 각 층은 두께가 60마이크론에 불과하다.

민첩성
엔진은 단 3초 만에 0에서 45km/h까지 바이크를 가속할 수 있을 정도로 고성능이다.

생물체에서 영감을
차체 설계에 강한 자연골격 및 유기구조를 모델로 사용하는 알고리즘을 이용하였다.

Zero 모터사이클에 장착된 Z-Force 전기모터는 표준 전기콘센트에서 충전할 수 있다.

"전기 바이크는 Tesla의 자동차처럼 충전소에서 충전할 수 있다."

CES 2016에서 BMW는 프로그래밍 가능한 HUD도 포함하는 디자인을 선보였다. 미래를 내다보는 BMW 엔지니어들은 헬멧이 없는 세상을 상상하고 있다. VISION NEXT 100 프로젝트의 일환으로 라이더가 바라보는 위치를 감지하고 이에 따라 라이더가 손 제스처로 조작할 수 있는 가상 백미러, 지도 또는 메뉴를 표시하는 데이터 안경을 디자인했다.

'과부 메이커'와 같은 별명이 붙은 모터바이크는 오랫동안 위험하다는 평가를 받아 왔다. 속도에 대한 교육과 양질의 가죽 슈트는 위험을 줄이는 방향으로 개발되었지만, 제작사는 라이딩을 보다 안전하게 만드는 기술을 추가하고 있다. 호주 빅토리아주 정부가 발표한 2015년 보고서에 따르면 ABS(잠금방지 브레이크 시스템)는 사망률과 중상을 31% 줄인다. 이제 대부분의 로드 바이크에는 최소한 ABS 옵션이 제공된다.

자전거와 마찬가지로 모터바이크에는 앞바퀴와 뒷바퀴에 브레이크가 있다. 속도센서가 바퀴의 속도를 감시한다. 라이더가 브레이크를 밟을 때 ABS 컨트롤러는 이 데이터를 이용하여 바퀴 1개 또는 2개의 브레이크를 약간 조정하여 바이크가 잠기거나 미끄러지거나 넘어지지 않도록 한다. ABS를 사용하더라도 많은 모터바이크 라이더는 어느 시점에서 바이크에서 떨어진다. 고맙게도 라이더가 착용한 슈트의 최근 혁신으로 인해 요즘에는 덜 아프다. 영국회사 D3O는 MotoGP 및 모터크로스 레이서용으로 유연하지만, 충격 보호용 방탄복을 만드는 데 사용하는 특수 폴리머를 개발했다. 몇몇 회사는 에어백이 포함된 재킷도 제공하고 있다. 예를 들어 Alpinestars의 Tech-Air 재킷에는 재킷을 압축하면 내부 에어백을 활성화하는 센서가 들어있다. 라이더가 바이크에서

튕겨 나가면 에어백이 빠르게 팽창하여 등, 신장 부위, 가슴 및 어깨를 보호한다. 그러나 자체 균형을 잡는 오토바이가 등장하면 낙하조차도 과거의 일이 될 수 있다. Honda는 그들 버전 Riding Assist를 발표하였다. 이 개념은 자전거 앞바퀴의 위치와 관련된 로봇공학 및 물리학 원칙에 대한 회사의 작업을 기반으로 한다. Riding Assist는 균형을 맞추는 데 어려움을 겪는 초보 라이더에게 도움이 될 것이며, 모든 라이더는 차량 정체상태를 통과할 때 걱정할 일이 하나 줄어든다.

최근 자율주행차에 초점을 맞추면서 자체 균형 모터바이크의 다음 단계는 스스로 주행하는 바이크가 될 수 있다. Google은 이미 이 아이디어를 테스트하기 시작했으며, Honda의 Riding Assist에 대한 홍보 동영상은 바이크가 라이더를 따라가는 모습을 보여주고 있다. 그리고 Brigade and Interceptor 자율주행 경찰 모터사이클이 있다. Imaginactive.org의 창립자인 Charles Bombardier가 설계한 이 차량은 3D 카메라를 사용하여 교통 위반 및 기타 법과 질서에 대한 위협을 스캔할 수 있을 것으로 예상된다. 이러한 디자인은 추측일 뿐이지만 모터사이클이 마니아에게만 제공되지 않는 미래를 예고한다. 일부 모터바이크 제조업체는 차량이 도로에 가득한 상황에서 환경에 미치는 영향을 줄이기 위해 투자하고 있다. 여기에는 배기가스 제로인 전원을 사용하는 것과 도요타의 i-Road와 같은 차량에서 디자인 기능을 차용하여 자동차와 모터사이클 사이의 경계를 모호하게 하는 차량이 포함된다. 이러한 혁신은 오늘날의 프로토타입에 불과하지만, 실행 가능한 것으로 입증되면, 모터바이크는 대중을 위한 내일의 개인 교통수단이 될 수 있다.

"BMW 엔지니어들은 헬멧이 필요 없는 세상을 구상하고 있다."

헤드업 디스플레이에 대한 BMW의 컨셉은 헬멧 바이저에 최신 여행 정보를 표시한다.

도요타 3륜 전기 i-Road는 자동차처럼 조종하지만, 모터바이크처럼 모퉁이를 돌고 있다.

라이더 없는 모터사이클
담당구역 순찰 경찰관을 대체할 수 있는 2륜 순찰차 개념을 만나보라

장갑 차체
프레임은 탄소섬유와 같은 고강도 경량 소재로 제작된다.

균형 동작
2개의 자이로스코프 로터는 바이크가 움직이지 않거나 느린 속도로 이동할 때 바이크가 넘어지는 것을 방지한다.

딱지 끊기
스캔한 번호판에서 범법자로 확인되면, 이메일이나 SMS로 딱지를 보낼 수 있다.

매서운 눈초리
상단에 장착된 360도 파노라마 카메라 2대는 사방의 활동을 감시할 수 있다.

2개의 경광등
깜박이는 경광등은 과속 운전자와 같은 범죄자의 주의를 끌기 위해 신호를 보낸다.

사고 보고서
불법 행위가 의심되는 경우, 카메라는 이를 녹화하고 근처에 주둔한 경찰관에게 영상을 스트리밍할 수 있다.

전기 탐정
24마력의 전기모터는 범죄자에게 소리 없이 접근하며, 배기가스가 없다.

순찰용
이 차량은 배터리를 빠르게 소모하는 고속 추격용이 아닌, 시내 거리의 느린 감시용으로 설계되었다.

DLRB-306

POLICE 01

RCEPTOR DRONE

MOTOCYCLE 연혁
증기 바이크에서 슈퍼바이크까지의 주요 사건들

1867
Ernest Michaux가 Michaux-Perreaux 증기 벨로시페드 제작. 유사한 발명품이 연이어 등장.

1884
Edward Butler가 2행정 엔진이 장착된 3륜 버틀러 가솔린 바이크 공개

1894
Hildebrand & Wolfmuller Motorrad(독일어; 모터사이클') 생산 개시

1906
미국 위스콘신주 밀워키에 새로운 Harley-David-son 모터사이클 공장 신축

1949
최초의 모터사이클 그랑프리가 영국의 Man섬에서 개최됨

1951
Birmingham Small Arms Company가 세계 최대 모터사이클 생산회사가 됨

1970s
스즈키와 혼다 같은 일본 모터사이클 회사가 부흥하기 시작.

2010
특별히 설계된 Ack Attack이 유타에서 모터사이클 세계 육상 속도기록(606km/h) 작성.

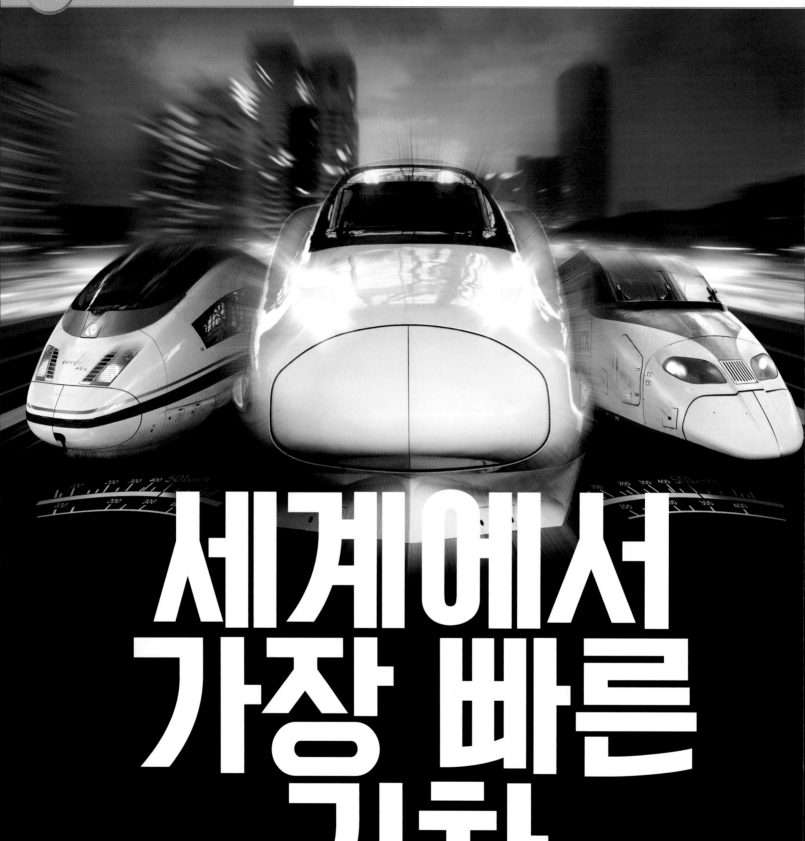

세계에서 가장 빠른 기차

300KM/H 이상으로 빠르게 달리는
공중 부양 열차를 파헤쳐 보자

사람들에게 매일 기차 통근은 느리고 지루한 필수품이지만 시속 430km (267마일)의 속도로 달릴 수 있다면 어떨까? 세계에서 가장 빠른 열차인 상하이 자기부상 열차를 이용하는 승객들에게는 그것이 현실로 다가온다.

고속열차는 1964년부터 일본의 도쿄와 오사카를 연결하는 노선이 시속 210km(130마일)의 속도로 달릴 수 있도록 건설되었다. 이로 인해 일본의 대도시 두 곳을 여행하는 데 걸리는 시간이 획기적으로 단축되었고 고속철도에 대한 세계의 사랑이 시작되었다. 오늘날 세계에서 가장 빠른 열차 대부분은 자기부상을 이용하며 영국 고속도로 속도제한의 6배가 넘는 속도로 주행한다. 그러나 자석을 사용하지 않고도 고속주행이 가능하다. 영국은 HS2라고 하는 버밍엄을 경유, 런던에서 맨체스터와 리즈까지 잇는 제2 고속철도를 계획하고 있다. 프로젝트 기술책임자 Andrew McNaughton 교수는 초고속을 달성하는 다른 방법이 있다고 설명한다.

"강철 바퀴와 철로 사이의 접촉 지점은 손톱 크기에 불과하므로 마찰에 대해 크게 걱정하지 않으며, 기차 부양에 필요한 에너지도 엄청나다."라고 말한다. "HS2는 100마력으로 일반 열차보다 4배나 더 강력하다. 몇 개의 역에서만 정차하므로 속도를 늦추거나 자주 올릴 필요도 없다."

제안된 HS2 열차는 단순히 더 강력한 엔진을 사용하고 정차 횟수를 줄임으로써 잉글랜드 남부와 북부 사이의 소요 시간을 대폭 줄일 것이다. 하지만 엔진이 더 강력하더라도 실제로 그렇게 많은 에너지를 사용하지는 않는다. 기차는 속도를 높이고 본질적으로 그 이후로 주행하기 위해 엄청난 전력을 사용한다. 최고속도는 시속 360km(224마일)이며, 국토 횡단 구간에서는 평균 시속 230km(143마일)이다. 이렇게 하면 런던에서 맨체스터까지 걸리는 시간은 절반으로 줄어든다. 기차가 지면 위에 떠 있든, 아니면 출발선에서 벗어나기 위해 괴물 엔진을 장착하든, 고속열차는 우리의 여행방식에 혁명을 일으키고 있다.

제트 동력 열차

자기 구동 열차가 미래인 것처럼 보이지만, 1966년에는 로켓 열풍이 불어 자연스럽게 누군가가 열차에 몇 사람을 태우고 얼마나 빨리 달릴 수 있는지 확인하기로 했다. 그는 뉴욕 중앙철도 엔지니어 Don Wetzel이였다. 그는 기차로 여행을 얼마나 빠르게 할 수 있는지 실험에 참여하고 있었기 때문에 앞부분이 특수한 유선형으로 수정된 Budd Rail Diesel 열차에 General Electric J47-19 제트엔진 2대를 사용했다. Black Beetle이라고 명명된 이 열차는 시속 295.6km(183.7마일)를 기록했다. 이 기록은 미국에서 가장 빠른 열차의 속도기록으로 남아있으나, Wetzel의 아이디어는 계속되지 않았다. 로켓 동력 열차는 비싸고 조달하기 어려웠으며 상업적 사용을 위해 관리할 수 없는 양의 추진력이 필요하므로 증기 또는 전기와 같은, 실용 가능한 대안이 되지 못했다.

43

고속 자기부상열차의 내부

자기 부상 열차는 시간당 수백 마일을 어떤 방법으로 달릴까?

장점

명백한 이점은 목적지에 훨씬 더 일찍 도착한다는 점이다. HS2 고속열차는 런던과 맨체스터 사이의 여행시간을 절반으로 줄여, 두 도시 모두에 큰 도움이 될 것이다. 베이징에서 상하이까지의 고속철도는 거의 10시간에서 5시간으로 여행시간을 단축한다. 또 다른 큰 이점은 자기 부상 열차에는 엔진이 없어 오작동할 우려가 적다는 점이다. 열차와 궤도의 전자석 그리고 열차 안의 배터리를 통해서만 전력을 공급받는다.

냉각

일부 시스템에서는 자석의 과열을 방지하기 위해 과냉각이 필요할 수 있다.

유도성 트랙

더 저렴한 시스템은 일정한 자기장을 생성하는 방식으로 배열된 구리코일을 사용하며, 열차의 운동은 코일을 통해 전류를 보내, 열차를 위쪽과 앞쪽으로 추진한다.

중력에 대항

실제로 바퀴와 철로가 서로 접촉하지 않아 마찰이 없으므로 열차는 더 빨리 달릴 수 있다.

기차 자석

자석은 코일을 향해 열차에 배치된다.

공중 부양 자석

철로 아래에 배치된 자석이 열차 자석에 반발하여 열차를 위로 밀어 철로에서 멀어지게 한다.

끌림과 밀어냄
열차의 자석은 극이 반대일 때 코일 쪽으로 당겨지고, 극이 같을 때 밀려난다.

공기역학적 형상
고속열차는 비행기처럼 뾰족한 앞머리로 공기를 가르도록 설계되었다.

단점
자기부상열차의 주요 문제점은 폐쇄적인 시스템이라는 점이다. 즉, 특별히 설계된 레일에서만 달릴 수 있으며, 다른 열차는 이 궤도에서 달릴 수 없다. 그래서 HS2는 기차에 전통적인 기술을 사용하여 비-고속 목적지로 계속 이동할 수 있게 하였다. 자기부상열차는 또한 건설 비용이 매우 비싸다. 상하이 자기부상 철로 30km(18마일)의 건설 비용은 7억 2천만 파운드(120억 달러)이다. 자석의 냉각상태를 유지하면 에너지를 절약할 수 있지만, 비용이 많이 드는 작업이다.

Shangai Transrapid

SMT

가이드웨이
가이드웨이는 일반적으로 안정성, 강도 및 긴 수명을 제공하기 위해 강철 또는 철근 콘크리트로 만든다.

전기 공급
전기는 트랙에 매입된 코일을 통해 흐르며, 트랙을 자화한다.

자기 코일
전기가 각 코일을 통과하면 극성이 바뀐다.

추진
당기는 힘은 기차 앞쪽에서 발생하며, 지나가면 뒤에서 민다. 이 힘이 기차를 앞으로 달리게 한다.

이 놀라운 속도에 도달하는 비밀은 전자석이다. 재래식 열차의 최고속도는 엔진의 힘과 바퀴의 회전속도에 따라 제한되지만, 자기부상(maglev) 열차에는 이러한 단점이 없다. 엔진이나 바퀴가 없기 때문이다! 열차는 서로 밀어내는 자석- 트랙 위와 기차 아래에 설치된-에 의해 1~10cm(0.4 ~ 4인치) 사이에서 뜬다. 열차 앞의 자기코일에 전기가 흐르면 자기 인력이 열차를 앞으로 끌어당긴다.

열차가 코일에 도달하면 그 자장은 사라지고 다음 코일에 전기가 흘러 열차를 당긴다. 열차를 공기역학적으로 설계하였고 바퀴의 마찰이 없으며 강력한 전자기력이 작용하므로 시속 430km(267마일)의 속도로 달릴 수 있다.

고속열차는 계속 개발, 개선되고 있다. 독일 엔지니어들은 Transrapid라는 전자기 서스펜션(EMS) 시스템을 개발했다. 이 장치는 자기부상 열차가 공기 쿠션에 앉아 있는 동안, Transrapid를 가이드웨이로 감싸서, 회전하는 동안 캐리지의 흔들림을 방지한다. 이 EMS 시스템 열차는 시속 482km(300마일)의 엄청난 속도로 달릴 수 있다고 한다.

일본에서는 현재 개발 중인 새로운 전기역학 서스펜션이 있다. 이 장치는 전자석이 과냉각되고 에너지를 보존하여 에너지 사용 측면에서 시스템을 훨씬 더 효율적으로 만들지만 매우 비싸다. 이 시스템의 또 다른 단점은 속도 100km/h(62mph)에 도달할 때까지 고무 타이어로 작동해야 한다는 점이다. 이는 원하지 않는 마찰을 일으킨다.

고속열차 시스템의 최신 개발은 유도성 트랙이다. 이 시스템은 과냉각 또는 전기동력이 필요하지 않은 일반 자석을 사용하지만, 자력이 당기기 전에 속도를 높이고 공중에 뜨기 위해 자체 에너지원을 사용하는 열차를 포함하고 있다. 이 자석은 자기장의 자력을 극적으로 증가시키는 혁신적인 네오디뮴-철-붕소 합금으로 만든다.

누가 자기 열차를 꿈꿨을까?

자기부상에 대한 아이디어는 1914년 프랑스인 Emile Bachelet이 처음 제안하였으며, 그는 기차를 구동하기 위해 트랙을 따라 일련의 자석들을 켜고 끄는, 훌륭한 아이디어를 개발했다. 그러나 전기공급의 불안정으로 인해 그 당시에는 성공하지 못했으나, 오늘날 우리가 볼 수 있는 놀라운 초고속 열차 기술의 길을 열었다. 전기기술의 발전과 열차의 유선형 모양 덕분에 오늘날 상하이 자기부상열차와 일본 신칸센에서 볼 수 있는 놀라운 속도에 도달할 때까지 계속 빨라졌다.

상하이 자기부상열차

상하이 자기부상열차는 현재 세계에서 가장 빠른 통근열차로 최고속도는 430kmh(267mph)이며, 이는 운행 속도이다.

테스트에서는 500km/h(311mph)를 기록했다. 상하이 푸동공항에서 룽양로드역까지 자기부상 철로를 따라 승객을 수송한다. 노선의 길이는 30.5km(19마일)이다.

평균속도 251km/h(156mph)로 달리므로 소요 시간은 단 7분 20초이다. 2002년 12월 31일 운행을 시작, 2004년부터 대중에게 공개하고, 10년 동안 세계에서 가장 빠른 통근열차 기록을 보유하고 있다. 그것은 혁신과 개선이 믿을 수 없을 정도로 규칙적으로 일어나는 듯 보이는 이 산업에서 기념비적인 업적이다.

기차 통계 이온

430km/h
(267mph)

상하이 자기부상열차

2006 BAR Honda F1 car

(249mph)
400km/h

111
시간

AGV Italo가 적도를 한 바퀴 도는 데 111시간이 걸린다.

70억

신칸센 열차는 1964년 이래 70억 명 이상의 승객을 수송했다. 이는 지구 전체의 인구이다. 지금까지 단 한 건의 사고도 없었다.

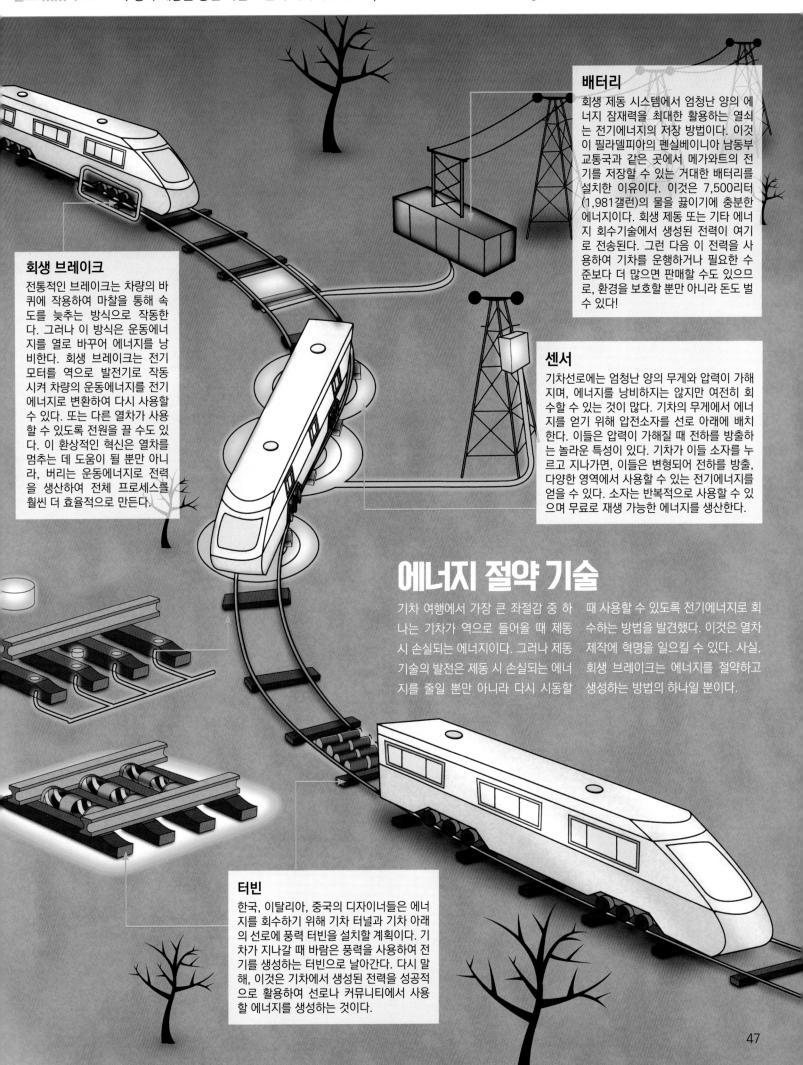

배터리

회생 제동 시스템에서 엄청난 양의 에너지 잠재력을 최대한 활용하는 열쇠는 전기에너지의 저장 방법이다. 이것이 필라델피아의 펜실베이니아 남동부 교통국과 같은 곳에서 메가와트의 전기를 저장할 수 있는 거대한 배터리를 설치한 이유이다. 이것은 7,500리터(1,981갤런)의 물을 끓이기에 충분한 에너지이다. 회생 제동 또는 기타 에너지 회수기술에서 생성된 전력이 여기로 전송된다. 그런 다음 이 전력을 사용하여 기차를 운행하거나 필요한 수준보다 더 많으면 판매할 수도 있으므로, 환경을 보호할 뿐만 아니라 돈도 벌 수 있다!

회생 브레이크

전통적인 브레이크는 차량의 바퀴에 작용하여 마찰을 통해 속도를 늦추는 방식으로 작동한다. 그러나 이 방식은 운동에너지를 열로 바꾸어 에너지를 낭비한다. 회생 브레이크는 전기 모터를 역으로 발전기로 작동시켜 차량의 운동에너지를 전기에너지로 변환하여 다시 사용할 수 있다. 또는 다른 열차가 사용할 수 있도록 전원을 끌 수도 있다. 이 환상적인 혁신은 열차를 멈추는 데 도움이 될 뿐만 아니라, 버리는 운동에너지로 전력을 생산하여 전체 프로세스를 훨씬 더 효율적으로 만든다.

센서

기차선로에는 엄청난 양의 무게와 압력이 가해지며, 에너지를 낭비하지는 않지만 여전히 회수할 수 있는 것이 많다. 기차의 무게에서 에너지를 얻기 위해 압전소자를 선로 아래에 배치한다. 이들은 압력이 가해질 때 전하를 방출하는 놀라운 특성이 있다. 기차가 이들 소자를 누르고 지나가면, 이들은 변형되어 전하를 방출, 다양한 영역에서 사용할 수 있는 전기에너지를 얻을 수 있다. 소자는 반복적으로 사용할 수 있으며 무료로 재생 가능한 에너지를 생산한다.

에너지 절약 기술

기차 여행에서 가장 큰 좌절감 중 하나는 기차가 역으로 들어올 때 제동 시 손실되는 에너지이다. 그러나 제동 기술의 발전은 제동 시 손실되는 에너지를 줄일 뿐만 아니라 다시 시동할 때 사용할 수 있도록 전기에너지로 회수하는 방법을 발견했다. 이것은 열차 제작에 혁명을 일으킬 수 있다. 사실, 회생 브레이크는 에너지를 절약하고 생성하는 방법의 하나일 뿐이다.

터빈

한국, 이탈리아, 중국의 디자이너들은 에너지를 회수하기 위해 기차 터널과 기차 아래의 선로에 풍력 터빈을 설치할 계획이다. 기차가 지나갈 때 바람은 풍력을 사용하여 전기를 생성하는 터빈으로 날아간다. 다시 말해, 이것은 기차에서 생성된 전력을 성공적으로 활용하여 선로나 커뮤니티에서 사용할 에너지를 생성하는 것이다.

8가지 놀라운 철도와 기차

약400년 전인 1603년 영국에서 최초로 상용 철도가 건설된 이래, 엔진은 석탄 동력 증기기관에서 초고효율 전기모터로 진화했다. 즉, 엔진은 에너지를 적게 소비하면서도 더 빠르게 훨씬 더 먼 거리를 주행할 수 있다.

그러나 이것은 또한 인간이 까다로운 지형의 위 또는 아래로(때로는 직선으로) 이동하는 문제를 극복하는 방법에 대해 계속 더 창의적이어야 함을 의미한다. 놀랍고 상상력이 풍부한 엔지니어링을 통해 기차는 이제 산을 넘고 언덕을 통과하고 심지어 바다 아래에서까지 달릴 수 있다.

사치스러운 삶의 꿈을 보여주는 철로도 있고, 너무 급해서 반복하고 싶지 않은 벅찬 경험도 있다! 그러나 이들 중 가장 극단적인 것은 무엇일까?

세계에서 가장 위험한 철도

역사상 가장 위험한 철도 중 하나는 인도 본토와 라메스와람 섬을 연결하는 Chennai-Rameswaram 철도 노선이다. 여전히 격렬한 옆바람과 싸워야 하는 이 열차는 1964년 거대한 해일로 인해 선로에서 떨어져 115명이 모두 사망하고 선로 일부가 파괴되었다. 더 안전하게 재건되었지만, 여전히 시속 8km(5마일)가 조금 넘는 속도로 다리를 기어간다.

> **STAT**
> Chennai-Rameswaram 기차는 수영하는 펭귄과 거의 같은 속도로 달린다.

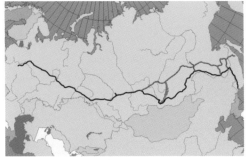

세계에서 가장 긴 철도

세계에서 가장 넓은 나라를 횡단하려면 세계에서 가장 긴 철도가 필요하다. 러시아는 1891년 시베리아 횡단 철도를 건설했다. 길이는 9,200km(5,700마일) 이상으로 석유, 석탄 및 곡물과 같은 중요한 물품을 운송한다. 1916년에 완공되었고, 황량한 시베리아를 다른 유럽 및 아시아와 연결했다. 늪지대를 돌로 메워 안정된 지면을 만들고 가벼운 목재와 금속 레일로 매일 4km(2.5마일)의 선로를 건설하였다.

> **STAT**
> 시베리아 횡단 철도의 km당 건설비용은 샌프란시스코 금문교의 약 7배이다.

세계에서 가장 높은 철도

높은 곳을 원한다면 중국에서 티베트로 가는 세계에서 가장 높은 철도를 타고 여행하는 것이 좋다. 칭하이-티베트 철도는 승객을 칭하이-티베트고원의 놀라운 경치로 안내한다. 라사 익스프레스(Lhasa Express)는 평균 해발 4,000m(13,123피트) 이상의 고지대를 달리며, 최고 고도는 아찔한 5,072m(16,640피트)이다. 또한 해발 5,068m(16,627피트)에는 세계에서 가장 높은 기차역 탕굴라(Tanggula)가 있다.

> **STAT**
> 칭하이-티베트 철도의 가장 높은 지점은 알프스 산맥 몽블랑보다 262m(860ft) 더 높다.

세계에서 가장 낮은 철도

세이칸 철도 터널은 일본의 혼슈섬과 홋카이도섬을 연결하고 해저 140m(460피트)에 위치해 다른 철도보다 낮은 위치에 있다. 1971년~1988년 사이에 건설되었으며, 2016년부터 초고속 신칸센이 달릴 수 있게 된다. 터널 자체의 길이는 약 54km(33.6마일)이며 해저 절반 정도의 길이이다. 기차가 하루 50회 두 섬 사이에 사람과 화물을 운송한다.

> **STAT**
> 터널은 시멘트 85,000톤을 사용했는데, 이는 아랍에미리트 버즈 칼리파보다 더 높은, 폭 10m(33ft)의 벽을 쌓을 만한 양이다.

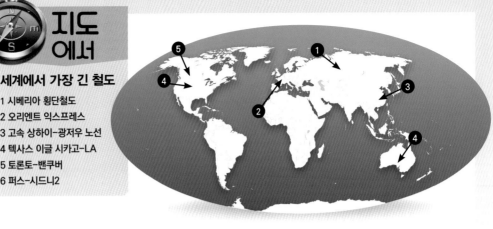

지도에서

세계에서 가장 긴 철도

1 시베리아 횡단철도
2 오리엔트 익스프레스
3 고속 상하이-광저우 노선
4 텍사스 이글 시카고-LA
5 토론토-밴쿠버
6 퍼스-시드니2

세계에서 가장 분주한 기차역

도쿄의 신주쿠역은 세계에서 가장 분주한 역으로 매일 362만 명의 승객이 열차에 탑승한다. 매일 드나드는 사람들을 위해 200개의 출구가 있다. 열차는 평균 3초마다 플랫폼 중 하나에 도착한다. 지금까지 가장 인기가 있는 노선은 JR 노선으로 승객의 거의 절반을 차지한다.

STAT
라트비아 인구보다 더 많은 사람이 매일 신주쿠역을 이용한다.

세계에서 가장 긴 역-플랫폼

2013년 10월, 세계에서 가장 긴 역-플랫폼이 준공되었다. 인도의 Gorakhpur역-플랫폼으로 길이는 1,366m(4,482ft)이다. 인도의 다른 기차역이 가지고 있던 이전 기록보다 294m(965ft) 더 긴 플랫폼을 건설하였다.

STAT
우사인 볼트가 달려도 Gorakhpur 플랫폼은 최소 2분 11초가 걸린다.

세계에서 가장 유명한 기차

유명한 기차 이름을 물으면 어린이용 토마스 기차 또는 Orient Express라고 말할 것이다. 하나는 허구이므로 우리는 1977년 단종되기 전까지 94년 동안 파리와 이스탄불 사이를 여행한 오리엔트 익스프레스에 초점을 맞추려고 한다. 이 열차에는 4대의 침대칸이 있었는데, 각 칸에는 10개의 침실이 있었다. 기술적 경이로움은 아니었으나, 한 세기의 가장 좋은 시기를 칙칙폭폭 소리를 내며 달리는 낭만적인 신비로움이 있었다.

STAT
오리엔트 익스프레스는 파리와 이스탄불 사이의 3,000km (1,864마일) 여행에 60시간이 걸렸다.

세계에서 가장 오래된 열차

영국에 본사를 둔 Kitson, Thompson & Hewitson이 1855년에 제작한 EIR-21과 EIR-22 증기기관차는 여전히 운행 중이며, 인도의 Alwar와 New Delhi 사이에서 승객을 운송한다. 무게는 약 26톤, 출력은 97kW(130hp)이고 시속 40km(25마일)로 달릴 수 있다. 탄생 160년이 지난 두 증기기관차는 여전히 철로를 달리고 있다.

STAT
EIR-21과 EIR-22가 제작된 후, 160년 동안 영국에는 6명의 국왕이 있었다.

HOW IT WORKS

항공(AIR)
하늘의 거인의 내부를 살펴보자

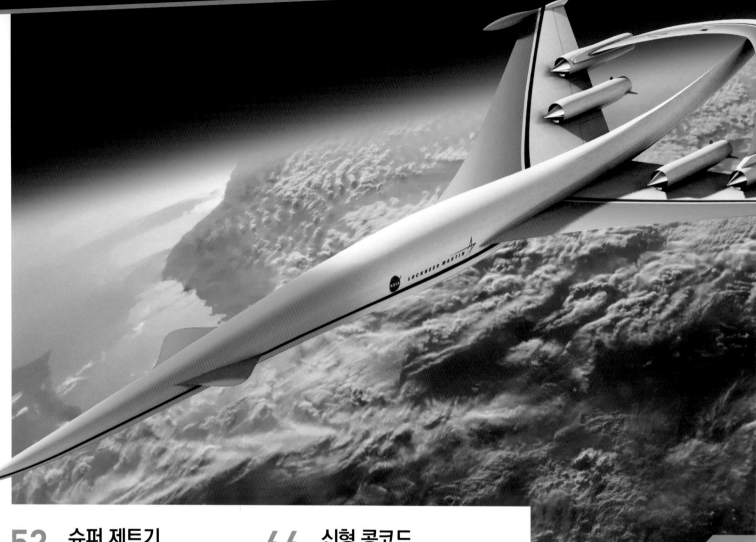

66

"미래의 기술
동력 비행기를 파헤쳐 보자"

64

52

70

63

72

SUPER JETS

내일의 기술 동력 비행기

- 수직 이륙 - 창문 없는 디자인 - 자가 치유 기술

1914년 1월 1일, 최초의 상업용 비행기가 하늘로 떠오르면서 세상은 영원히 바뀌었다. 미국 플로리다주 탬파와 세인트피터즈버그 사이를 총 23분 동안 비행했으며 거리는 33.8km(21마일)였다.

이 획기적인 이벤트는 유명한 Wright 형제의 첫 동력 비행 뒤 11년 후의 일이며, 누군가 항공기 승객으로 돈을 낸 최초의 기록이다. 비행기는 배 모양의 Benoist XIV였는데, 조종사와 경매에 성공한 낙찰자를 위한 공간만 있었으며, 그 경험에 400달러를 냈다. 오늘날의 예상 통합 가치로는 9,500달러(5,850파운드) 이상이다.

오늘날 사람들은 지구궤도 이하 항공권에 대해 초기 금액의 100배 이상을 내야 할 가능성이 크다. 이 우주 비행기는 승객을 궤도로 이동시켜 런던에서 미국 서부 해안까지 60분이면 도착할 것이다. 하지만 승객만 느는 것은 아니다. 문제가 있을 때 이를 감지하고 비행 중에 스스로 치료할 수 있는 스마트 비행기에 대한 계획이 잘 진행되고 있다.

지난 100년 동안 상용 항공기 기술에 놀라운 혁

신이 있었다. 한 번에 853명의 승객을 태울 수가 있는 거대한 2층 제트기, 2일 이내에 세계를 일주할 수 있는 비행기, 그리고 물론 음속장벽을 허물고 250만 명 이상의 승객을 운송한 전설적인 콩코드까지 있었다.

다음 몇 페이지에 걸쳐 우리는 미래의 항공기가 어떻게 변할지, 빛나는 혁신의 다음 세기를 살펴보자. 최초의 목조 복엽기 비행에서 시작해서 상업용 비행이 수백만 마일에 도달했다. 벨트를 매고, 좌석을 똑바로 세우고, 여행하는 동안 앉아 있으라.

하늘의 고래

이 3층-콘셉트 항공기가 여행의 미래일까?

디자인: Oscar Viñals

Airbus A380은 현재 가장 큰 여객기의 타이틀을 보유하고 있지만, 모든 것은 바뀔 수 있다. 하늘의 고래(Sky Whale)라고 불리는 이 콘셉트 비행기는 날개길이가 A380의 80m(262ft)보다 더 긴 88m(289ft)이다. 승객 755명을 수용할 수 있어 항공사에게는 더 경제적이다. 하늘의 고래는 이중 동체 덕분에 중간 급유 없이 더 멀리 날아갈 수 있고, 날개에 부착된 태양전지는 태양 에너지를 이용한다. Oscar Vinals가 설계한 이 항공기는 수직에 가깝게 이륙할 수 있는 틸팅 엔진과 같은 혁신적인 기능도 자랑한다.

수직 이륙을 위해 엔진이 최대 45도까지 기울어진다.

Airbus A380: 79.8m
Sky Whale: 88m

충돌 착륙 중에 날개가 동체에서 분리된다.

태양전지는 태양으로부터 에너지를 끌어온다.

일등석은 멋진 하늘 전망을 제공한다.

가상 현실 창문

3층에 755명

레이저 유도 시스템

수직에 가까운 이륙 능력

이 하늘의 고래는 상업용 항공기를 근본적으로 재구성한 것이다.

생존자

'인간의 피부'와 비슷한 자가 수리비행기 기술

디자인: BAE Systems

1억1700만 파운드
2013년 연구비용

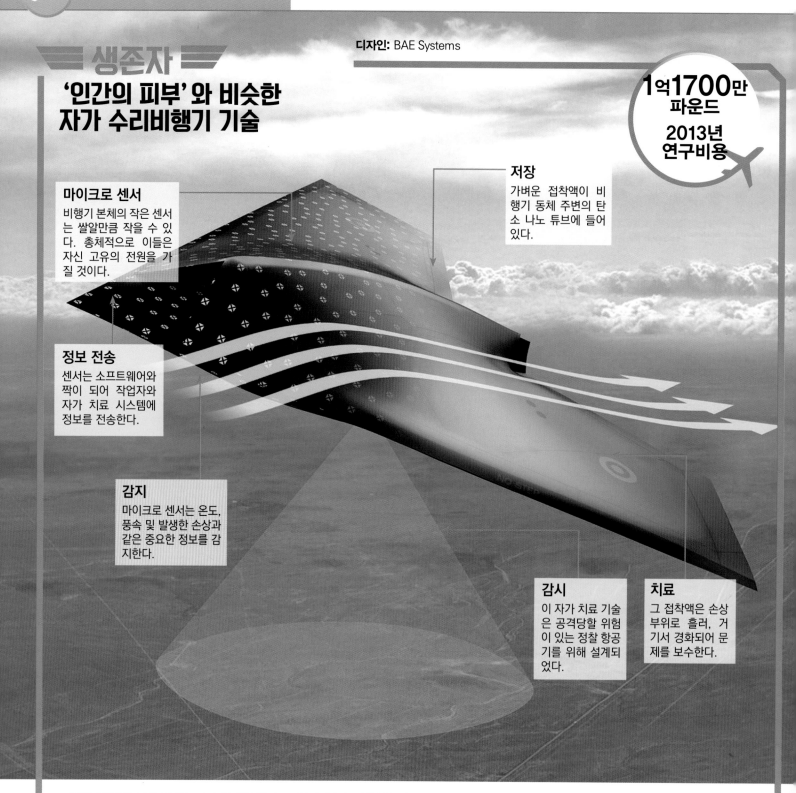

마이크로 센서
비행기 본체의 작은 센서는 쌀알만큼 작을 수 있다. 총체적으로 이들은 자신 고유의 전원을 가질 것이다.

저장
가벼운 접착액이 비행기 동체 주변의 탄소 나노 튜브에 들어있다.

정보 전송
센서는 소프트웨어와 짝이 되어 작업자와 자가 치료 시스템에 정보를 전송한다.

감지
마이크로 센서는 온도, 풍속 및 발생한 손상과 같은 중요한 정보를 감지한다.

감시
이 자가 치료 기술은 공격당할 위험이 있는 정찰 항공기를 위해 설계되었다.

치료
그 접착액은 손상 부위로 흘러, 거기서 경화되어 문제를 보수한다.

터미네이터와 같은 영화는 스스로 치료할 수 있는 기술을 개발하지 말라고 경고했을지 모르지만, BAE Systems의 사람들은 상관없이 계속하기로 했다. 영국회사는 2040년까지 비행기를 자가 수리하는 기술과 속도를 혁신할 수 있는 미래형 디자인을 공개했다.

항공기 동체는 풍속, 온도 및 입은 손상을 감지하는 수만 개의 마이크로 센서로 덮여 있다. 이 항공기는 가벼운 접착액이 들어있는 탄소 나노 튜브 그리드 덕분에 공중에서 스스로 치료할 수 있다. 접착액은 손상된 부위로 흘러 피가 난 부분에 딱지를 형성하는 것처럼 빠르게 경화되어 항공기가 비행을 계속할 수 있도록 한다.

BAE Systems 대변인에 따르면 이러한 고급 재료 사용은 가장 위험한 시나리오에 진입하여 중요한 임무를 완수할 수 있는 매우 견고한 제트기를 만들 것이다. 이들은 이 항공기를 생존자(Survivor)라고 한다. 그러나 회사는 이 기술이 미래에 군용항공기에 적용될 수 있다고 믿는 유일한 기술은 아니라고 한다. 트랜스포머로 알려진 또 다른 유형의 제트기는 여행 중에 더 작은 하위 항공기와 결합했다가 이를 다시 분리하기도 한다. 이렇게 하면 함께 비행할 때 항력을 줄여 항속거리를 늘리고 연료를 절약할 수 있다.

우리를 Skynet(영국의 군사통신위성)에 더 가까이 접근하게 하지만, 이 기술은 스마트 비행기의 유지 보수 비용과 시간을 급격히 줄여 항공산업에 매우 흥미로워서, 그들이 우리에 맞서지 않도록 계획하는 데 훨씬 더 많은 시간을 할애한다!

스마트 스카이

디자인: Airbus

지구상에서 가장 에너지 효율적인 비행기

Airbus는 항상 항공 기술의 최전선에 있었으며, 미래형 Smarter Skies 개념은 보다 더 효율적이고 친환경적인 것을 목표로 한다. 다음은 2050년까지 승객과 환경을 위해 미래의 항공여행을 개선하기 위한 몇 가지 방안이다.

9백만 톤의 연료를 절약할 수 있다

더 알아보기!

가장 미래 지향적인 객실을 잘 살펴보려면, iTunes에서 무료로 The Future By Airbus 앱을 다운로드하라. 약 35년 동안 타게 될 비행기의 가상 투어를 제공한다.

에코 클라이밍

활주로에 내장된 전자기 모터는 연료를 절약하고 소음 공해를 줄인다. 이들이 이륙할 때 비행기를 공중으로 밀어 올리고 착륙할 때 포획하여 안전하게 속도를 늦출 수 있다. 이렇게 하면 무거운 랜딩기어가 필요 없어 연료를 절약할 수 있지만 모든 공항에 동일한 시스템을 갖추어야 한다.

컨셉 캐빈

에어버스는 비좁은 좌석, 좁은 통로, 클래스별 차등을 없애려고 한다. 대신에 비행기는 휴식 구역, 상호작용 구역, 스마트 기술 구역과 같은 구역으로 분할될 것이다. 후자는 각 승객의 체형에 따라 변형되는 '기억' 합금재료로 만든 좌석을 갖출 수도 있다.

함께하면 더욱 좋다.

V 대형으로 날아가는 새 떼는 항력을 최대 65%까지 줄인다. 에어버스는 인기 노선의 비행기가 함께 모여 편대를 형성하면, 연료소비를 10~12% 줄일 수 있다고 제안한다. 이를 통해 런던과 뉴욕 사이를 여행하는 동안 10,000리터(2,640갤런) 이상의 연료를 절약할 수 있다.

디자인: Technicon

IXION

외부를 안에서 볼 수 있는 파노라마 뷰

새로운 재료를 사용하거나 유선형으로 만드는 것 외에, 실제 비행기 디자인은 수년 동안 거의 변경되지 않았다. 그러나 Technicon Design 은 IXION이라는 창문이 없는 제트기의 개념으로 모든 것을 바꾸려는 국제적인 회사이다.

Technicon Design의 디자인 디렉터 Gareth Davies는 미래 비행기에 대한 그의 비전을 다음과 같이 설명한다: "창문은 비행기에 넣기에는 복잡한 것입니다. 각 창문은 전체 무게에 15kg(33파운드)을 추가할 수 있으며 공기역학적이 아니죠. 우리의 계획은 창문을 없애고 4K HD 카메라를 날개와 동체에 장착하여 비행기 내부의 OLED 화면에서 외부의 이미지를 볼 수 있게 하는 것입니다."

이런 방법은 무게를 줄이고 구조를 단순화하면서 객실에서 중단 없는 파노라마 뷰를 볼 수 있다. 가지각색의 잠재적인 객실 분위기와 주제가 연출될 것이다. "스마트폰으로 화면의 디스플레이 내용을 선택, 제어할 수 있지요." 이로 인해 특징이 없는 바다 위를 비행하는 승객이 뉴욕 스카이라인, 사막 또는 도쿄 도심을 활보하는 고질라까지도 볼 수 있을 것이다.

다른 사람과 같은 화면을 보고 싶지 않다면 특정 좌석에 앉아 있는 사람만 볼 수 있는 시차 화면도 제안한다. 진정으로 유연한 좌석 배치를 제공하기 위해 승객을 추적하여 그들이 앉은 좌석으로 화면이 따라간다. 또한 내부 전자장치에 전원을 공급하기 위해 태양 전지판을 사용할 것이다. 이로 인해 엔진이 공회전 상태일 때 기내 저전압 시스템용 대체 전력을 생산하고 전체 사용 연료의 5%를 절약한다. 디자인은 모든 수준에서 기존의 사고에 도전한다. 그는 "우리는 가능한 다음 단계를 상상하고 싶었습니다."라고 계속한다. "모든 혁신의 첫 단계는 상상력입니다."

제스처 기반
화면은 물리장치나 원격제어를 사용하는 대신에 제스처 기반이다.

시차 화면
특정 사람만 각 화면을 볼 수 있도록, 객실 주변에 화면이 설치되어 있다.

이동식 기술
각 승객을 추적하므로 어디에 앉아 있든 자신의 화면을 볼 수 있다.

360°
파노라마 뷰

창이 없는 디자인

창이 없는 디자인 아이디어는 크게 두 가지 이점이 있다. 첫째, 비행기를 더 쉽게 조립하고 더 유선형으로 만든다. 두 번째로 더 흥미진진한 것은 오른쪽 사진의 이미지와 같이 근사하고 멋진 일을 할 수 있다는 것이다.

비행기의 날개와 동체에 장착된 4K HD 카메라는 벽면의 OLED 패널과 연결되어 외부 이미지를 실시간으로 보여준다. 이것은 비디오카메라가 HDMI 케이블을 통해 TV에 이미지를 표시할 수 있는 기술과 동일한 방식이다. 비디오가 촬영되고 케이블을 통해 화면으로 전송된다.

화면은 승객이 조작할 수도 있으며, 제스처 컨트롤을 사용하면 그룹에 프레젠테이션하거나, 화상회의를 열거나, 비행기 벽에서 영화를 볼 수 있다. 미래에 오신 것을 환영합니다!

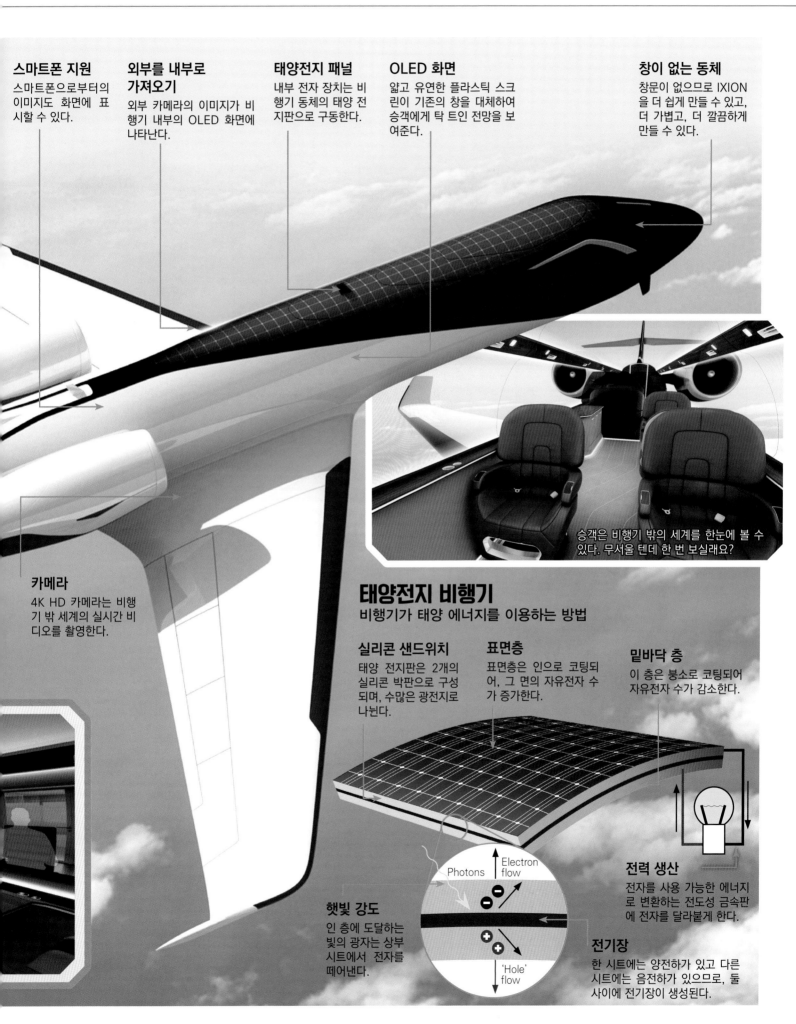

스마트폰 지원
스마트폰으로부터의 이미지도 화면에 표시할 수 있다.

외부를 내부로 가져오기
외부 카메라의 이미지가 비행기 내부의 OLED 화면에 나타난다.

태양전지 패널
내부 전자 장치는 비행기 동체의 태양 전지판으로 구동한다.

OLED 화면
얇고 유연한 플라스틱 스크린이 기존의 창을 대체하여 승객에게 탁 트인 전망을 보여준다.

창이 없는 동체
창문이 없으므로 IXION을 더 쉽게 만들 수 있고, 더 가볍고, 더 깔끔하게 만들 수 있다.

승객은 비행기 밖의 세계를 한눈에 볼 수 있다. 무서울 텐데 한 번 보실래요?

카메라
4K HD 카메라는 비행기 밖 세계의 실시간 비디오를 촬영한다.

태양전지 비행기
비행기가 태양 에너지를 이용하는 방법

실리콘 샌드위치
태양 전지판은 2개의 실리콘 박판으로 구성되며, 수많은 광전지로 나뉜다.

표면층
표면층은 인으로 코팅되어, 그 면의 자유전자 수가 증가한다.

밑바닥 층
이 층은 붕소로 코팅되어 자유전자 수가 감소한다.

Photons

Electron flow

'Hole' flow

햇빛 강도
인 층에 도달하는 빛의 광자는 상부 시트에서 전자를 떼어낸다.

전력 생산
전자를 사용 가능한 에너지로 변환하는 전도성 금속판에 전자를 달라붙게 한다.

전기장
한 시트에는 양전하가 있고 다른 시트에는 음전하가 있으므로, 둘 사이에 전기장이 생성된다.

우주 비행기

**지구를 벗어난 이 비행기는
통근자가 가본 적이 없는
세상으로 대담하게 나아가고 있다.**

콩코드는 음속보다 빠른 속도로 런던에서 뉴욕까지를 약 3시간 만에 비행했다. 하지만 1시간 30분 만에 유럽에서 호주로 날아가는 것을 목표로 하는 이 우주 비행기와 비교하면 나무늘보에 가깝다.

이 우주선은 독일 항공우주센터가 개발 중인 Space Liner다. 길이 83.5m(274피트)인 이 항공기는 최대 100명의 승객을 최대 고도 80km(50마일)의 상공으로 올려, 음속의 20배가 넘는 속도로 하위 궤도를 활공할 수 있다. 이 비행기는 LOX/LH2 (액체 산소/액체 수소) 로켓에 의해 대기의 더 높은 층으로 날아가며 분리되기 전에 초당 약 4km(2.5마일)의 속도에 도달한다. 이를 통해 이륙에서 착륙까지 단 90분 만에 유럽에서 호주에 도착할 수 있다.

또한 지평선에는 Virgin Galactic과 Skylon 우주 비행기가 있다. 이 비행기는 지구 주위가 아니라 바로 수직으로 궤도를 벗어나려고 한다. Virgin Galactic의 SpaceShipTwo는 제트 동력 비행기에서 발사된다. 지구로 돌아오기 전에 승객을 몇 분 동안 우주로 데려다줄 것이다. 반면에 Skylon은 15톤의 화물을 우주 공간으로 운반하고 돌아오도록 설계된 재사용 가능한 무인 우주비행기이다. 이 비행기는 민간 기업이 위성과 우주 정거장용 화물을 우주로 보내는 것을 훨씬 쉽고 저렴하게 만들 것이다.

그들은 한계는 없다고 말하며, 차세대 여객기와 화물기는 시작에 불과하다는 것을 보여주고 있다.

SKYLON
디자인: Reaction Engines Ltd

SABRE 엔진 내부
이 새롭고 재사용 가능한 로켓 Skylon의 동력은 무엇인가?

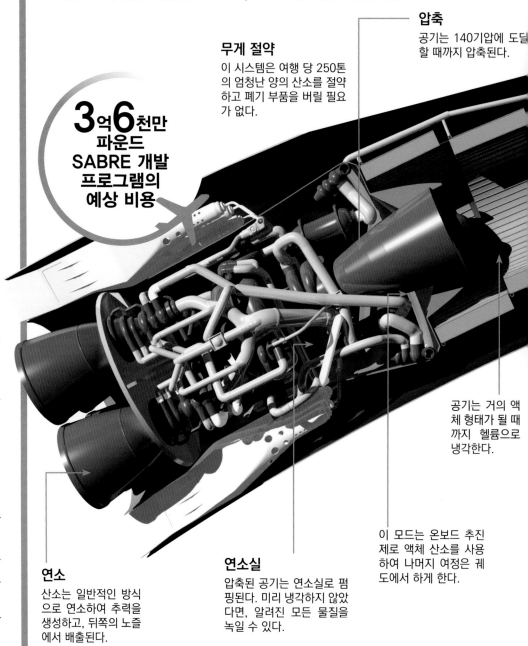

3억6천만파운드
SABRE 개발 프로그램의 예상 비용

무게 절약
이 시스템은 여행 당 250톤의 엄청난 양의 산소를 절약하고 폐기 부품을 버릴 필요가 없다.

압축
공기는 140기압에 도달할 때까지 압축된다.

공기는 거의 액체 형태가 될 때까지 헬륨으로 냉각한다.

연소
산소는 일반적인 방식으로 연소하여 추력을 생성하고, 뒤쪽의 노즐에서 배출된다.

연소실
압축된 공기는 연소실로 펌핑된다. 미리 냉각하지 않았다면, 알려진 모든 물질을 녹일 수 있다.

이 모드는 온보드 추진제로 액체 산소를 사용하여 나머지 여정은 궤도에서 하게 한다.

SKYLON VIRGIN GALACTIC
디자인: Scaled Composites

2004년 Richard Branson은 최초의 상업용 우주 비행기 Virgin Galactic을 만들어 관광객을 우주로 보내겠다고 발표했다. 그러나 2007년에 비행을 시작하려는 원래 계획에도 불구하고 Virgin Galactic은 아직 최초의 우주 관광객을 태양계로 보내진 못했다.

우주선은 지원 우주선 WhiteKnightTwo에 의해, 15,240m(50,000ft) 높이까지 운반된다. 우주선이 분리되고 여객선이 로켓을 점화하여 승객을 지구 대기에서 우주로 데려간다.

4~5분 후, 지구 대기로 다시 들어와, 뉴멕시코 기지의 활주로에 착륙할 것이다.

2014년 5월 연방 항공국(FAA) 승인을 얻어 주요 장애물이 제거됨에 따라 프로그램을 방해한 기술 및 물류 장애가 해결되고 있다. 대기권 외부로의 여행이 가까워지고 있다.

SpaceShipTwo 앞에 서 있는 Virgin Galactic 팀

헬륨 냉각
헬륨은 빠르게 흐르는 액체 수소에 의해 냉각된다.

열 제거
뜨거운 공기는 밀폐된 시스템 외부로 밀려나 간섭하지 않는다.

흡입 노즐
공기는 흡입 노즐을 통해 앞쪽에서 엔진으로 들어간다.

25만 달러
Virgin Galactic
티켓 비용

대기권에서 위로
지구 대기권에서 벗어나면 시스템은 기존의 로켓 모드로 전환된다.

Skylon이 하늘 위로 치솟을 때 어떤 모습일까?

SpaceShipTwo는 여러 번 테스트 비행을 했다.

SpaceShipTwo에는 하이브리드-동력 로켓 모터가 있다.

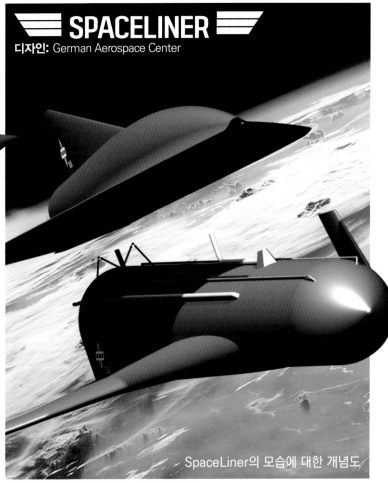

SPACELINER
디자인: German Aerospace Center

SpaceLiner의 모습에 대한 개념도

런던에서 시드니까지 90분

우리는 독일 항공우주센터에서 일하는 Olga Trivailo에게 미래의 장거리 비행기를 위해 무엇이 준비되어 있는지 물었다.

제안된 SpaceLiner는 정확히 어떻게 작동하나요?

액체 수소/산소 연료 로켓과 같은 표준 로켓기술을 사용하여 Mach 25로 가속합니다. 고도 70~80km(43.5~50마일)에서 부스터가 분리되고 발사 지점으로 돌아가지요. 그 후에 항공기는 목적지까지 활공하게 됩니다.

중력 부족이나 바람 저항이 속도에 영향을 미치나요?

아니요. 로켓 부스트로부터 아주 빠르게 여행하므로 여행시간을 크게 줄입니다. 로켓의 속도를 최대한 활용하려면 그렇게 빠르게 진행해야 합니다.

SpaceLiner가 다른 비행 옵션과 다른 점은 무엇인가요?

재사용 가능성이 SpaceLiner 프로그램의 주요 부분입니다. 로켓의 두 부분을 모두 재사용 할 수 있다는 사실은 영업상 훨씬 더 실용적이지요.

그렇다면 어떤 종류의 시장을 고려하나요?

처음에는 먼 거리를 여행하고 시간을 단축하려는 비즈니스 클래스 승객을 대상으로

합니다. [현재] 유럽에서 호주로 가는 여행은 환승시간을 계산할 때 24시간이 넘게 걸리며, 도착했을 때 아주 피곤하거든요. SpaceLiner는 인간의 (이식용)장기와 같이 시간에 민감한 화물을 운송하는 데에도 사용할 수 있으므로 인류에게 정말 도움이 될 것으로 생각합니다.

누구나, 아니면 신체적으로 매우 적합한 사람만 이 비행기를 이용할 수 있나요?

합리적으로 건강한 사람은 누구나 여행할 수 있습니다. 이륙 시 최대 2.5g를 경험할 수 있습니다. 대략 일반 비행은 최대 1.25g를, 일부 롤러코스터에서는 5g을 경험할 수 있지요.

언제 서비스가 시작될 것으로 예상하나요?

현실적이라면 30~35년 후예요. 로켓기술이 있지만, 대중이 안전하게 사용할 수 있도록 해야 하므로 시간이 필요합니다. 즉, 지구 대기의 열을 처리할 수 있는 재료를 찾고, 예상치 못한 사고 발생 시 승객용 포드(pod)를 비상 탈출 포드로 전환할 수 있도록 해야 합니다.

Boeing 787 Dreamliner

이 제트 여객기는 상업용 여객기 산업을 변화시켰으며,
크게 향상된 연비와 다양한 차세대 기능을 자랑한다.
자세히 살펴보자…

첫눈에 보잉 787 드림 라이너는 특별한 것이 없어 보인다. 기존의 디자인, 표준 출력과 적당한 최대 항속거리 등 대부분이 특별하지 않은 사양의 새로운 중형 제트 여객기다. 세계적인 경기침체로 심각한 타격을 입은 시장에 또 다른 상업용 여객기가 소개되었다. 어느 것도 바꾸지 않는 수백만 파운드의 기술. 하지만 당신이 그것을 믿는다면 더는 틀리지 않을 것이다.

대부분의 획기적인 신기술과 아이디어에서 흔히 볼 수 있듯이 진짜는 디테일에 있기 때문이다. 실제로 787은 문자 그대로 (서비스 수명은 2028년까지 연장될 것으로 예상됨) 그리고 은유적으로 오늘날 미래의 한 단편이다. 후자는 다른 어느 비행기보다 효율적으로 설계된 최초의 항공기이기 때문이다. 어떤 식으로든 수많은 개선과 기술 발전을 경시하는

것이 아니다 - 이 비행기는 현재 운항하고 있는 가장 복잡한 제트기 중 하나이다. - 그러나 현재의 재정적 환경에서 그리고 틀림없이 앞으로 몇 년 안에 업계에 영향을 미칠 것이다. 더 친환경적이고 저렴하며 더 융통성이 있는 이 항공기는 다른 여객기들이 따를 수 있는 일정을 제시하고 있다.

이에 대한 증거는? 전 세계적으로 58개 항공회사로부터 982대의 비행기를 주문 받아 1,690억 달러 이상의 매출을 올렸다면 믿겠는가? 그렇다면 787은 어떻게 더 저렴하고 효율적인 항공 여행의 꿈을 현실로 만들었을까? 간단한 대답은 연료 사용량과 유해 물질 배출량을 20% 줄이는 것이다. 긴 대답은 조금 더 복잡하다.

Dreamliner의 초고성능의 핵심은 일련의 새로운 기술과 소재를 채택하는 데 있다. 복합재료(예 : 탄

소섬유 / 강화 탄소섬유 플라스틱)는 동체와 날개를 포함해서 787 기본구조의 50%를 구성한다. 이들은 기존의 순수 금속재료보다 더 가볍고 강력하며 다양하게 사용된다. 실제로 Dreamliner를 이전 모델인 777(단지 복합재료 12%와 알루미늄 50% 이상)과 비교하면, 이 비행기가 제트 여객기 업계에서 판도를 바꾸는 요소가 무엇인지 파악하기 쉽다.

이 새로운 재료는 완전히 재검토된 제작공정과 결합하여, Dreamliner는 알루미늄 판재와 죔쇠(777에서 80% 감소)를 더 적게 사용하며, 따라서 더 단순한 드릴링 도면으로 생산할 수 있다. 787 동체에는 10,000개 이하의 구멍이 뚫려있다(747에는 1백만 개 이상 필요). 이는 생산비용과 조립 시간을 절약하고, 구조를 단순화하여, 잠재적인 고장 개소를 줄이면서, 공기역학적 효율은 개선한다. 또한 새

50개가 넘는 회사가 787의 생산에 참여했으며, 각 회사는 전 세계 135개 공장에서 가상으로 연결되어 있다.

787 캐빈 배치구조는 세 가지 구성 중 하나로 나눌 수 있으며, 용량 또는 등급 구분을 우선으로 한다.

기술 사양

Boeing 787 Dreamliner

조종사: 2
길이: 57m (186ft)
날개스팬: 60m (197ft)
높이: 17m (56ft)
최대중량:
228,000kg (502,500lb)
순항속도:
1,041km/h (647mph)
최대항속거리:
15,200km (9,440mi)
최대고도:
13,100m (43,000ft)

엔진: 2 x General Electric GEnx / Rolls-Royce Trent 1000

모델에서는 구리배선을 60마일 이상 줄여, 무게를 줄이면서 전기 인프라를 간소화하였다.

전자장치에 대해 말하자면 Dreamliner는 최첨단 완전 전자 아키텍처로 설계되어, 모든 블리드 공기 및 유압 동력원을 전동식 압축기와 펌프로 대체하여 엔진의 부담을 35%나 경감시킨다. 또한, 새로운 전기가열식 날개 결빙 방지 시스템-날개 슬랫에 적당한 히터 매트를 부착한-은 얼음 제거 성능과 일관성을 크게 개선하여, 다시 공기역학적 성능을 향상시킨다. 엔진에 필요한 추력을 줄여주는, 날개 끝을 경사지게 하여, 날개의 양력 성능도 개선하였다.

이러한 효율성은 Dreamliner의 핵심인 차세대 하이-바이패스-터보팬 엔진과 결합한다. 787에는 2종류의 엔진모델(General Electric GEnx 및 Rolls-Royce Trent 1000)을 사용하며, 각각 최대 추력 280kN(64,000파운드힘)과 순항속도 Mach 0.85(1,041km/h; 647mph)를 발휘한다. 두 엔진 모두 경량 복합 블레이드, 스윕트-백(swept-back) 팬 및 작은 직경의 허브로 설계되어 공기흐름과 고압 비율을 최대화한다. 고압 비율은 역회전 스풀로 보완하여 효율을 크게 개선한다. 마지막으로 두 엔진 모두 Dreamliner의 소음저감 나셀, 덕트 덮개 및 공기 흡입구와 호환된다. 실제로 엔진은 정말 발전하여 다른 상업용 여객기와 비교해 2세대 개선된 것으로 간주한다.

따라서 Dreamliner는 초기 모습과는 달리 실제로는 양의 옷을 입은 늑대로서, 표준 베어링의 개선, 에너지 절약형 LED 전용 조명을 포함하여 방대하고 점진적인 개선목록을 보면, 가장 진보된 여객기 중 하나이며, 오늘날 우리 하늘에서 미래를 보장하는 제트기이다.

제너럴 일렉트릭 GEnx 하이-바이패스 터보팬 제트엔진, 드림 라이너에 사용된 두 가지 중 하나.

Dreamliner의 해부학적 구조

Boeing 787을 분해하여 어떻게
경쟁사의 사양을 능가하고, 앞서가는지를 확인해 보자.

조종석
Dreamliner의 최첨단 조종석에는 이중 헤드업 안내
시스템이 포함된 Honeywell 및 Rockwell Collins
항공 전자공학 시스템이 장착되어 있다. 전력 변환시
스템과 대기 비행 디스플레이는 Thales 제품이며, 항
공 전자공학 완전-이중 스위치 이더넷(AFDX)의 연결
은 조종실과 항공기 시스템 간에 데이터를 전송한다.

화물칸
787-8이라고 하는 표준 787은 화물칸 용량
이 125m³(4,400ft³)이고 최대 이륙 중량은
227,930kg(503,000lb)이다. 787-9라고 하는
더 큰 모델의 화물칸 용량은 153m³ (5,400ft³)
이고 최대 이륙 중량은 247,208kg(545,000lb)
이다

전자장치
787은 조종실 전체에 LCD 다기능 디스
플레이를 갖추고 있다. 또한 승객은 An-
droid OS를 기반으로 하는 엔터테인먼
트 시스템에 접근할 수 있으며, 파나소닉
에서 제작한 터치스크린 디스플레이는 음
악, 영화 및 기내 TV를 제공한다.

최초의 드림라이너는 2011년에 전일본공수
ANA항공사로 배송되었다.

비행 시스템
787은 모든 블리드 공기 및 유압 동력원을 전기
구동식 압축기와 펌프로 대체하였다. 또한 윙-
슬랫에 전열 히터 매트를 부착하여 얼음을 녹이
는, 새로운 날개 빙결 방지 시스템을 장착하였
다. 자동 돌풍 완화 시스템은 난기류의 영향도
줄여준다.

날개
787 Dreamliner의 날개는 일본의 미츠비시
중공업에서 제작하며 갈퀴 모양의 날개 선단
이 있다. 경사진 선단의 주목적은 이륙성능을
개선하고 직접적인 결과로 연비를 개선하는 것
이다.

엔진
Dreamliner에서는 엔진모델 두 종류가 호환된
다 : 트윈 General Electric GEnx 또는 Rolls-
Royce Trent 터보 팬. 두 모델 모두 추력은
280kN(64,000lbf)이며, 787에 1,041km/h
(647mph)의 순항속도를 제공한다. 또한 제트
기의 소음저감 나셀, 덕트 커버 및 배기 림(rim)
도 호환된다.

제트여객기의 진화
상업용 제트기
개발의 핵심 중 일부를
선택, 제시한다.

1945 Vickers VC.1 Viking
웰링턴 폭격기로부터 개발된 영국의 단거리 여객
기인 바이킹은 최초의 순수 제트 수송기였다.

1952 DH-106 Comet
Comet은 생산에 도달한 세계 최초의
상업용 제트여객기이다. 영국의 de
Havilland사가 개발했다.

1955 SE-210 Caravelle
가장 성공적인 1세대 여
객기인 Caravelle은 유럽
과 미국 전역에서 다수 판
매되었다. 카라벨은 프랑
스 회사 Sud Aviation가
제작하였다.

1958 Boeing 707-120
현재 널리 보급된 707시리즈의 최초 양산
모델인 707-120은 여객기의 새로운 기준
을 세웠다.

1961 Convair 990
좁은 동체 제트기의 좋은 예인 990
은 더 빠른 속도와 더 큰 승객 수용
능력을 제공했다.

1976 Aérospatiale-BAC Concorde
2세대 제트 여객기에서 눈에
띄는 개발품인 Concorde는
초음속으로 대서양을 횡단 비
행했다. -오늘날까지도 타의
추종을 불허한다.

각 787에는 완벽한 스탠드-업 바가 있다.

조종사 훈련시설

보잉은 787 Dreamliner의 완벽한 패키지로, 조종사 교육용 최신 시뮬레이션 시설을 갖추고 있다.

객실

표준 787은 객실을 3등급으로 배치, 총 242명의 승객을 수용할 수 있도록 설계되었다 -이코노미 182석, 비즈니스 44석, 1등석 16석. 객실 내부 폭은 5.5m(18ft)이며 양쪽에는 27 x 47cm (11 x 19in) 자동 밝기 조절 창이 배열되어 있다.

쾌적한 설비

기내 승객에게 더 넓은 좌석(모든 등급), 더 큰 보관함, 수동으로 조명 가능한 창문, 스탠드-업 바, 남/여 화장실 및 주문형 엔터테인먼트 시스템이 제공된다. 일등석 승객에게는 최상급 기내식이 제공되며, 국제선 항공편은 완전히 눕힐 수 있는 수면 좌석이 제공된다.

787 예비 조종사는 Boeing의 혁신적이고 완벽한 비행 시뮬레이터를 활용하여 실제 비행 및 특정 상황에 맞는 시나리오를 훈련할 수 있다. 현재 5개(시애틀, 도쿄, 싱가포르, 상하이, 런던 개트윅)의 보잉 캠퍼스에 8개의 787 교육실이 있다. 프랑스 전자시스템 회사인 Thales가 제작한 시뮬레이터에는 듀얼 헤드업 디스플레이(HUD)와 전자비행 가방(EFB)이 포함되며 조종사가 육안 조종, 계기착륙 시스템(ILaS) 및 비-ILS에 능숙해지는 훈련을 하도록 설계되었다. 또한 통합된 전문가 내비게이션을 사용할 수 없는 착륙, 핸들링 특성에 영향을 미치는 비표준 절차, 윈드시어 및 거부된 이륙 훈련을 수행할 수 있다.

동체

787은 80% 복합재료(탄소섬유 및 탄소섬유 강화 플라스틱)로 구성된다. 무게 측면에서 재료의 50%는 복합재이고, 알루미늄 20%, 티타늄 15%, 강철 10%, 기타 5%이다.

호환성

787 Dreamliner는 기존 공항 레이아웃 및 지상주행 설정과 호환되도록 설계되었다. 따라서 787은 유효 조향 각도가 65도이므로 폭 42m(138ft) 활주로에서 완전히 회전할 수 있다. 또 타이어 가장자리 대 회전중심 비율은 32m(100ft)이다.

모든 훈련 시뮬레이터는 미국 연방 항공국(FAA)의 승인을 받았으며, 공식적으로 현재 가장 진보된 훈련시설이다.

조종사와 예비 조종사는 전 세계 8개의 시뮬레이터에서 훈련할 수 있다.

1986 Fokker 100
Fokker 100은 최대 100명의 승객을 태우는 단거리 전문가였다. 국내선과 단거리 국제선 단골이었다.

1994 Boeing 777
최초의 컴퓨터 설계방식의 상업용 제트기인 777은 좌석은 300석, 항속거리는 17,370km (10,793mi)이다. 전 세계 항공기의 중심이 되었다.

2005 Airbus A380
2005년에 출시된 이래 세계에서 가장 큰 여객기이다. A380은 2층이며, 모든 좌석을 이코노미 클래스로 만들면 853명의 승객을 태울 수 있다.

2011 Boeing 787 Dreamliner
동급 중 연료효율이 가장 높아, 항공여행 비용을 절감하는 동시에 다양한 차세대 기술을 제공하도록 설계되었다.

태양전지 비행기

태양에 의해서만 에너지를 공급받는 비행기

재생 가능하고 탄소 중립적인 형태의 에너지에 대한 욕구가 강렬해짐에 따라 태양 에너지가 항공기의 길을 이끌고 있다. 경계를 뚫고 날아오르는 항공기 중 하나는 Solar Impulse 2이다. 이 놀라운 비행기는 태양 에너지만으로 논스톱 세계 일주 여행을 막 끝냈다. 너비 72m(236ft)인 날개를 사용했으며 각 날개에 8,500개가 넘는 태양전지를 설치, 전기모터 4대와 리튬 배터리 4개에 전원을 공급하였다. 날개가 엄청나게 큼에도 불구하고, 항공기 전체 무게는 2,300kg(5,071파운드)에 불과하다.

태양전지 항공기 세계의 또 다른 주요 업체는 Solar Flight이다. 이 회사의 최신 프로젝트는 Sunseeker Duo로 태양전지로 작동하는 유일한 2인승 비행기이다. Solar Impulse 2와 유사한 패턴이며, 태양전지로 덮인 긴 날개와 가벼운 동체로 구성되어 있다. 태양전지는 이전 제품보다 50% 더 효율적이다. 12시간 동안 비행할 수 있으며 엔진의 출력은 25kW(33.5 hp)이다.

태양에너지 사용에 대한 주요 질문은 '밤에 무슨 일이 일어나는가?'이다. 낮에 생성한 에너지를 낮에 모두 사용하는 것은 아니다. 항공기가 밤에도 비행할 수 있도록 에너지를 배터리에 충분히 저장한다.

Solar Impulse 2는 2015년 7월 3일, 성공적으로 착륙하였으며, 대체 에너지 분야에서 큰 성과를 거두었다. 태양전지로 구동되는 항공기의 다음 도전은 다수의 승객을 태우는 것이다. 따라서 언젠가 다수의 관광객이 태양전지 비행기로 여행에 흠뻑 젖어 들기를 기대한다.

태양 항공기의 구조 해부
Solar Impulse 2가 이륙하여 하늘을 나는 방법

날개
비행기의 날개 길이는 총 72m(236ft)로 점보제트기의 날개보다 넓다.

배터리
비행기 안에는 충전식 리튬 폴리머 배터리가 4개 있으며, 무게는 총 633kg(1,396lb)이고, 출력은 50kW(70hp)이다.

단열
조종사가 +40 ~ -40℃(104 ~ -40℉)의 온도 변화에 시달리지 않도록, 조종석에는 단열재를 사용한다.

조종석
조종석은 3.8m3(134ft3)에 불과하므로 상당히 비좁지만, 경량 설계에 필수적이다.

고도
비행기는 낮동안은 8,500m(27,887ft)까지 상승하여 태양에너지를 최대한 활용한 다음, 밤에는 1,500m(4,921ft)까지 고도를 낮춘다.

태양 전지판의 작동원리

태양 전지판은 햇빛을 어떻게 에너지로 변환하는가? 태양 전지판 내부에는 여러 개의 실리콘 셀이 서로 겹쳐져 있다. 실리콘 원자 중 하나는 모든 전자를 가지고 있고, 반면에 아래쪽은 전자가 몇 개 적다. 균형을 회복하기 위해 전체 실리콘 원자는 전자를 아래쪽으로 전달하지만, 공정을 시작하려면 빛이 필요하다. 태양광이 패널에 닿으면 전자가 한 실리콘 셀에서 다른 셀로 이동하여 부하에 전력을 공급하는 전류를 생성한다.

거대한 날개길이에도 불구하고 Solar Impulse의 무게는 소형 자동차 2대와 거의 같다.

태양에 근접

ESA의 Solar Orbiter는 태양의 놀라운 사진을 촬영하기 위해 이전의 어떤 탐사선보다 태양에 더 가까이 접근하는 것이 임무이기 때문에 2017년 이륙 당시 엄청난 태양 에너지를 받게 될 것이다. 3.1m x 2.4m(10.2 ft x 7.9ft)의 태양 차폐막을 갖춘 이 우주선은 고해상도 이미지를 촬영하고 실험을 수행하기 위해 태양에서 4,200만 km(2,600만 mile) 떨어진 곳까지 여행한다. 520℃(968℉)에서 −170℃(−274℉)에 이르는 온도에 노출될 수 있으므로 엄격한 테스트를 거쳤다. 탐사선의 목표는 과학자들이 태양풍, 코로나 자기장 및 태양 분출에 관한 질문에 답하고, 내부 태양권과 태양활동이 태양에 어떻게 영향을 미치는지에 대해 더 자세히 알아내도록 돕는 것이다.

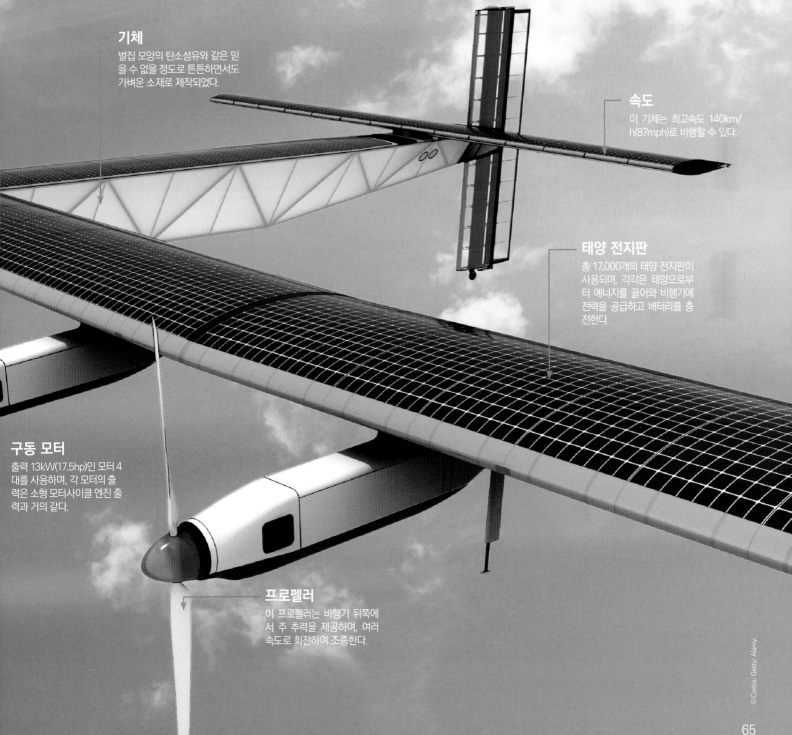

기체
벌집 모양의 탄소섬유와 같은 믿을 수 없을 정도로 튼튼하면서도 가벼운 소재로 제작되었다.

속도
이 기체는 최고속도 140km/h(87mph)로 비행할 수 있다.

태양 전지판
총 17,000개의 태양 전지판이 사용되며, 각각은 태양으로부터 에너지를 끌어와 비행기에 전력을 공급하고 배터리를 충전한다.

구동 모터
출력 13kW(17.5hp)인 모터 4대를 사용하며, 각 모터의 출력은 소형 모터사이클 엔진 출력과 거의 같다.

프로펠러
이 프로펠러는 비행기 뒤쪽에서 주 추력을 제공하며, 여러 속도로 회전하여 조종한다.

THE NEW CONCORDE

동체
동체는 이론상 가장 낮은 파동 항력을 제공하는 시가 모양인 Sears-Haack 본체에 맞게 설계되었다.

엔진
이 콘셉트 설계의 핵심은 역-V 엔진 배열이며, 각 터빈 입구는 낮은 붐-소음 출력을 생성하도록 설계되었다.

콩코드의 후계자는 이제 유명한 선조와 비교해, 소음과 연료 소비를 대폭 줄이면서 음속을 넘는 속도를 자랑한다.

1976년에 우리는 단 3시간 30분 만에 런던에서 뉴욕까지 상업적으로 비행할 수 있었다. 이는 5,550km(3,460마일)의 거리를 분당 평균 27km(17마일)의 속도로 비행한 것이다. 같은 거리를 Mini Metro(소형차 이름)로 계속 97km/h(60mph)로 달린다면, 약 58시간(약 2일 반)이 걸린다 -Mini가 비행할 수 없다는 사실은 고려하지 않고도!

오늘날 대서양을 건너는 데는 약 7시간 30분이 걸리며, '장거리'임을 확실하게 느낄 수 있는 장거리 비행 여행이다. 그래서 질문을 하게 된다 : 무엇이 잘못되었나요? 대답은 한 단어로 충분하다: 콩코드. 이처럼 엄청난 비행시간을 기록한 기술인 Concorde 초

음속 제트여객기는 27년의 서비스 끝에 2003년 완전히 은퇴했다고. (자세한 내용은 76쪽의 'End of Concorde' 참조). 또한, 다른 초음속 제트기는 도입되지 않았다. 고객이 전 세계 어디를 비행하고 싶은지에 관계없이, 아음속으로 여행하고 더 긴 비행시간을 견뎌야 한다.

그러나 모든 것이 곧 바뀔 것이다. 계속 성장하는 지구촌의 개념(모든 국가의 상호 연결성)에 힘입어 콩코드가 남긴 이 빈 공간에 초음속 여객기의 새로운 물결이 생산에 돌입하였다. 목표는 미래의 상업적인 초음속 여행의 속도, 효율성 및 영향을 근본적으로 바꾸는 것이다.

Lockheed Martin의 Green Machine 개념(소닉 붐의 효과를 완화할 수 있는 초음속 제트기)부터 Aerion Corporation의 Supersonic Business Jet(자연층류라고 하는 급진적인 신기술을 도입한 제트기)를 거쳐, 보잉의 Icon-II 디자인(훨씬 더 큰 소음 감소와 연비를 자랑하는 항공기)까지, 항공산업의 미래는 벌써 매우 흥미로워 보인다. 처음으로 민간 기업이 세계 최고의 연구기관(그중 하나는 NASA)과 협력하여 군사 영역을 벗어난 초음속 비행을 다시 한 번 현실화하게 된다.

물론 실현 로드맵은 날이 갈수록 더욱 구체화하고 있지만, 여전히 극복해야 할 주요 장애물이 남아있다.

The Supersonic Green Machine

록히드 마틴의 그린 머신 여객기는 고속 항공여행의 친환경적인 미래를 보여주고 있다.

Lockheed Martin의 초음속 그린 머신은 최근 역-V 엔진 배열 덕분에 NASA에서 관심을 불러일으켰다. 날개 위에 있는 어레이는 소닉붐-물체가 방음벽을 통과할 때 들리는 크고 독특한 크랙 소리의 발생-을 완화하도록 설계되었다. 엔진의 위치는 미적인 선택일 뿐만 아니라 날개 영역을 활용하여 압력파로부터 지면의 일부를 효과적으로 보호하여, 지면에서 들리는 가청 소음과 '붐 카펫'을 줄이는 전략적 선택이다.

흥미롭게도 이 새로운 항공기의 디자인은 초음속 제트기의 이상적인 공기역학적 형태에 최대한 근접하도록 개발되었으며, 동체는 Sears-Haack 모델(파동 항력 생성을 최소화하는 시가 모양)과 매우 비슷하다. 항공기의 구체적인 사양은 공개되지 않았지만, 풍동에서 모델 크기의 시험을 실행한 Lockheed Martin과 NASA에 따르면, 이 제트기는 콩코드와 비슷한 속도를 내지만 연료 소비와 소음 출력은 크게 줄어든다고 한다.

방패(shield)
엔진은 생성되는 엄청난 압력파로부터 지상에 있는 사람들을 부분적으로 보호하기 위해 날개 위에 배치된다.

록히드 마틴이 제작한 차세대 초음속 제트기인 Green Machine의 두 번째 디자인

예를 들면, NASA가 소닉붐의 손상 효과를 제거하고, 연료 효율을 높이며, 초음속 제트기가 천음속(음속의 0.8-1.4배) 엔벨로프를 돌파할 수 있는 능력을 개선하는 방법을 조사하도록 요청하였다. (71쪽 'Shattering Mach 1' 기사 참조). 이러한 요소는 초음속 비행을 달성하는 것뿐만 아니라 콩코드가 궁극적으로 불가능했던 영역에서 상업적으로 실현할 수 있는 몇 가지 과제에 불과하다.

여기서 우리는 초음속으로 여행하는 과학분만 아니라 현재 지구의 방음벽에 대한 돌격을 주도하는 일부 항공기 및 첨단기술에 대해 아주 자세히 살펴보도록 하겠다.

소닉붐 제거

최신 초음속 제트기를 현실화하기 위해 소음을 억제하는 특수 기술이 개발되고 있다.

콩코드는 활동 중일 때도 소닉붐의 영향으로 미국 상공에서는 초음속 비행이 금지되었었다. 실제로 콩코드는 거주지 상공 대부분을 비행할 수 없었기 때문에, 멀고 비효율적인 항로를 비행해야 했으며 효율성이 크게 저하되었다.

따라서 이러한 소닉붐을 근절하는 것은 미래의 모든 초음속 제트기 생산을 위한 설계의 핵심 사안이며, 전 세계 국가는 '붐 카펫'(소닉붐이 들릴 수 있는 제트기 비행경로)에 관심이 있다. 이 분야의 세 가지 주요 발전은 콩코드보다 훨씬 얇은 날개의 도입, 날개 위 엔진 위치의 변경 - 이는 날개를 효과적으로 방패로 바꾸어 압력파를 지면에서 멀어지게 한다 - 그리고 항공기 터빈용 압력-조각 공기 흡입구를 만드는 것이다.

아직 생산에 들어간 물리적 제트기는 없지만, 2011년 미국 항공우주국 NASA에서 소닉붐 실험을 통해 새로운 설계가 좁은 동체 안에 엔진 출구를 적절하게 숨길 수 있다면, 거의 모든 가청 소음이 상쇄될 수 있음을 확인했다.

2x © NASA. Lockheed Martin

Aerion SBJ

SBJ 초음속 비행기는 Mach 1.6으로 순항할 수 있으며, 파리에서 뉴욕까지 4시간이면 도착할 수 있다.

Aerion Corporation은 승객을 태우고 1,900km/h(1,200mph)로 비행할 수 있는 초음속 항공기(SBJ; Supersonic Business Jet)의 도입에 필요한 기술을 개발하기 위해 NASA와 긴밀히 협력하면서 초음속 비행 연구의 최첨단을 달리고 있다.

이 능력은 NLF(Natural Laminar Flow)라는 기술에 관한 첨단 연구의 산물이다. 층류는 비행기 날개에 인접한 얇은 영역의 공기가 난류가 되지 않고 부드럽게 전단되는 층에 머무르는 상태이다. 이는 공기흐름에 층류가 많을수록, 공기역학적 마찰 항력이 날개에 미치는 영향이 적어, 비행거리와 연비가 모두 향상됨을 의미한다.

이는 탄소 에폭시로 제작하고, 선단은 티타늄으로 코팅한 테이퍼형 양면-볼록 날개 덕분에 가능하다. 이를 SBJ의 알루미늄 복합 동체와 함께 사용하면, 비행거리 7,400km(4,600mile) 이상, 최대 고도 15,544m(51,000ft)가 가능할 뿐만 아니라, 연료소비를 줄일 수 있어 운영비용도 절감할 수 있다. 운영비용 절감은 Concorde가 폐기되는 주요 요인이었기 때문에 매우 중요하다.

재료
SBJ의 후미(꼬리), 동체와 나셀은 강도와 내열성을 위해 알루미늄과 복합재료의 혼합을 사용한다.

날개
Aerion의 NLF 날개는 탄소 에폭시로 제작하고 부식 방지를 위해 가장자리는 티타늄으로 코팅한다.

SBJ는 일반 여객기와 비교해 거의 절반에 가까운 4시간 15분이면 뉴욕에서 파리까지 비행할 수 있다.

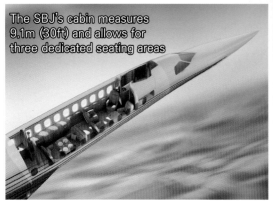

The SBJ's cabin measures 9.1m (30ft) and allows for three dedicated seating areas

기술 사양

Aerion SBJ

길이: 45.2m (148.3ft)
폭: 19.5m (64.2ft)
높이: 7.1m (23.3ft)
무게: 20,457kg (45,100lb)
날개 면적: 111.5m² (1,200ft²)
엔진: 2 x PW JT8D-200
최고 속도: Mach 1.6 (1,960km/h; 1,218mph)
최대 항속거리: 7,407km (4,603mi)
최대고도: 15,544m (51,000ft)

엔진
SBJ는 정적 추력이 8,890kg (19,600lb)으로 낮아진, Pratt & Whitney의 JT8D-200 제트 엔진의 개조 버전을 사용한다.

4x © Aerion

콩코드의 종말

콩코드는 기술의 집약체였다. 그런데 이 호화 여객기는 왜 폐기되었을까?

퇴역 직전에 이륙하는 British Airways의 콩코드 제트여객기

Concorde의 종말의 서막은 2000년 Air France 4590편의 비참한 추락으로 승객 100명, 승무원 9명, 지상요원 4명의 사망이 원인이었음은 말할 필요도 없다. 불운했던 Concorde의 사고 발생 몇 분 전에 이륙한 Continental Airlines DC-10 항공기에서 떨어진 티타늄 스트립이 사고의 원인이었다. 티타늄 스트립이 Flight 4590의 타이어 중 하나를 파열시켜, 타이어 파편이 항공기의 연료 탱크 중 하나를 가격했다. 그 결과 발생한 충격파에 연료탱크가 파손, 연료가 누출되고, 전동 랜딩기어 와이어 스파크로 인해 연료가 폭발하였다.

Concorde가 세계에서 가장 안전한 여객기 중 하나였음에도 불구하고, 이 충돌 사고 후 Air France와 British Airways(유일한 두 항공사)는 승객 수가 급격히 감소하여, 2003년에 두 항공사 모두 콩코드의 운항을 중단하였다.

© James Gordon

Mach 1 돌파하기

초음속 항공기를 제작하는 일은, 아음속 동체에 더 큰 엔진을 설치하는 것보다 훨씬 더 복잡하고 어렵다

초음속 공기역학은 다양한 이유로 아음속 공기역학보다 훨씬 더 복잡하며, 가장 중요한 것은 천음속 엔벨로프(Mach 0.85-1.2 근방)를 돌파하는 것이다. 이 속도 범위를 통과하는 초음속 제트기는 충격파와 열이라는 두 가지 주요 문제를 일으키는 원인인 극심한 항력에 대응하기 위해 몇 배 더 많은 추력을 생성해야 하기 때문이다.

충격파는 기체 주변 공기(정압, 부압 또는 정상 압력)의 통과에서 발생하며 항공기의 각 부분이 진행과정에 영향을 미친다. 이처럼 공기는 최소한의 영향으로 얇은 동체 주위로 휘어지지만, 날개에 도달하면-비행기의 단면적에서 크게 변화하여- 비행기의 몸체를 따라 충격파가 발생한다. 이 지점에서 형성된 결과적인 파동은 상당한 양의 에너지를 방출, 파동 항력이라는 매우 강력한 항력을 생성한다.

이를 완화하기 위해, 모든 초음속 제트기 설계는 날개가 동체로부터 유체적으로 구부러진 상태에서 단면적을 가능한 한 부드럽게 변경할 수 있어야 한다.

열은 또 다른 큰 문제이다. 지속되는 초음속 비행은 생성되는 항력의 부산물로 모든 재료가 빠르게 장시간 열에 노출되며, 개별 부품은 때때로 300°C(572°F)를 초과한다. 따라서 두랄루민과 같은 기존의 아음속 재료는 고온에서 소성변형을 일으키기 때문에 초음속 제트기에 적합하지 않다. 이에 대응하기 위해 티타늄 및 스테인리스 스틸과 같은 더 단단한 내열성 소재가 필요하다. 그러나 대부분 이로 인해 항공기의 전체 무게가 증가할 수 있으므로 내열성과 무게 사이에서 실행 가능한 타협점에 도달하는 것이 핵심이다.

초음속 제트기 표면에서의 기류를 나타내고 있다(날개에서의 난류 포함).
선의 색상은 빨간색(가장 빠름)에서 파란색(가장 느림)까지의 풍속을 나타낸다. 또한 동체 색상은 파란색(가장 차가움)에서 빨간색(가장 뜨거움)까지 온도를 나타낸다. 초음속 제트기 동체는 공기 마찰로 인해 100°C(212°F) 이상으로 가열될 수 있다.

소닉-붐 사이언스

소닉-붐이란 무엇이며 어떻게 생성되나?

소닉-붐은 물체가 공기를 통과할 때 일련의 압력파를 생성하기 때문에 발생한다. 이러한 압력파는 음속으로 진행하며 물체가 Mach 1- 약 1,225km/h(761mph)-에 가까울수록 압축이 증가한다. 그러나 물체가 음속(예 : Mach 1)으로 이동하면 음파가 너무 밀집되어 단일 충격파를 형성하고, 항공기에서는 Mach-원뿔 모양의 충격파가 형성된다.

Mach-원뿔의 꼭짓점 부분-기체 기수 전방-에는 고압 영역이, 원뿔의 뒤에는 정상 기압이, 꼬리 부분에는 부압이 형성된다. 비행기가 이러한 다양한 압력 영역을 통과할 때 갑작스러운 기압 변화는 2개의 독특한 '붐(소음)'을 생성한다. 하나는 고압에서 저압으로 바뀌고, 다른 하나는 저압에서 정상 압력으로 바뀐다.

염료의 흐름은 초음속 제트기 표면에서 물의 흐름을 표시하는 데 사용된다. 동체 표면에서 물의 흐름은 실물 크기 항공기에서 공기흐름이 어떤지를 나타낸다.

2x © SPL

화물기 적재

지구 전체에 훨씬 더 많은 화물을 운송할 수 있는 화물 항공기는 여객기와 어떻게 다른가?

화물 항공기(개인용, 군용 또는 상업용)는 일반적으로 화물운송을 염두에 두고 설계하였거나, 표준 항공기를 개조한 고정익 항공기이다. 여객기는 일반적으로 비행기의 밑면에 약 150(5,000) 이상의 화물을 저장할 수 있는 특수 화물칸이 있다. 화물 전용기에는 상업용 항공기의 좌석이나 기타 편의 시설이 필요 없다. 즉, 속이 비어 있는 여객기보다 훨씬 더 큰 공간을 확보할 수 있다.

사용 가능한 공간을 가장 효율적으로 사용하기 위해 바닥에는 지게차 없이도 미리 포장된 팔레트를 최대한 멀리 밀어낼 수 있는 통로와 전자 롤러가 늘어서 있다. 대형 화물칸의 문은 더 큰 물품을 넣을 수 있도록 설계되며, 일부는(예: Boeing 747-400과 같은) 특히 큰 물품이 비행기 본체를 통과할 수 있도록 기수를 들어 올린다. 항공 화물의 수요가 계속 증가함에 따라 Airbus A300-600 Super Transporter(Beluga 라고도 함)와 같이 화물 용량이 큰 항공기가 표준이 되고 있다.

하지만 항공기 화물칸의 크기를 늘리는 것만으로는 충분하지 않다. 화물 비행기가 강력한 하중을 효율적이고 안전하게 운송하려면, 항공기 자체 설계에 여러 가지를 적용해야 한다.

예를 들어, 날개와 꼬리는 화물이 지면 가까이에 놓이게 하고 적재를 쉽게 하도록 높게 만들었고, 동체는 훨씬 더 크다. 그리고 무거운 화물트럭과 유사하게, 화물 비행기도 일반적으로 착륙 시 무게를 지탱하기 위해 바퀴 수가 더 많다.

항공기 정치

Xian Y-20은 중국이 개발 중인 군용 장거리 수송기로서, 최근 짧은 시험비행을 하는 것이 촬영되었다. 러시아의 Ilyushin Il-76 또는 미국 Boeing C-17과 유사한 등급의 항공기이며, 중국은 대부분의 군사 비밀에 대해 더 엄격한 보안을 유지하고 있지만, 추정 탑재량은 대략 72,000kg(160,000 파운드) 정도이다. 이것은 어느 나라의 기준으로든 상당히 많은 양이다! 인민해방군 공군 또는 중국군의 항공기 지부는 오랫동안 이러한 종류의 지원 항공기보다 전투기 개발을 선호해 왔기 때문에 Y-20 프로젝트는 2005년에 중단되었다. 2008년 쓰촨성 지진 이후 중국은 소형 화물기로 구호 물품을 효과적으로 공급하지 못했으므로 미국이 C-17 2대를 지원해야 했다. 이러한 당혹감은 의심의 여지없이 중국 정부가 Y-20의 개발을 추진하도록 박차를 가했다.

화물기 자격 증명

HIW는 군용화물 운송업체가 작업 수행에 필요한 사항을 정확히 명시한다.

엔진
4대의 터보팬 제트엔진은 19,504kgf (43,000lbf)의 추력을 제공할 수 있다.

부하 경감

운송화물의 유형(대형 품목 또는 군용차량은 예외일 수 있음)에 따라 많은 화물기가 ULD 또는 단위 적재 장치를 사용한다. 이를 통해 승무원은 화물을 비행 전에 화물칸에 더 쉽게 적재할 수 있는 단일 유닛으로 미리 포장하여 많은 시간을 절약할 수 있다. 운송에 사용되는 것과 유사한 시스템으로 동시에 사용되는 공간을 최대화하여 효율성 (및 수익)을 높인다. ULD 자체는 견고하고 가벼운 알루미늄 팔레트 또는 강화 플라스틱 벽을 가진 알루미늄 바닥 컨테이너이다. 컨테이너는 부패하기 쉬운 물품을 저장하기 위해 때때로 독립형 냉동장치로 변환된다.

화물 운반용 컨베이어 벨트를 포함한 화물 여객기의 화물칸

차량 램프
록히드의 C-5 갤럭시와 같은 대형 항공기는 경사로를 통해 주행할 수 있는 경차량을 다수 운반할 수 있다.

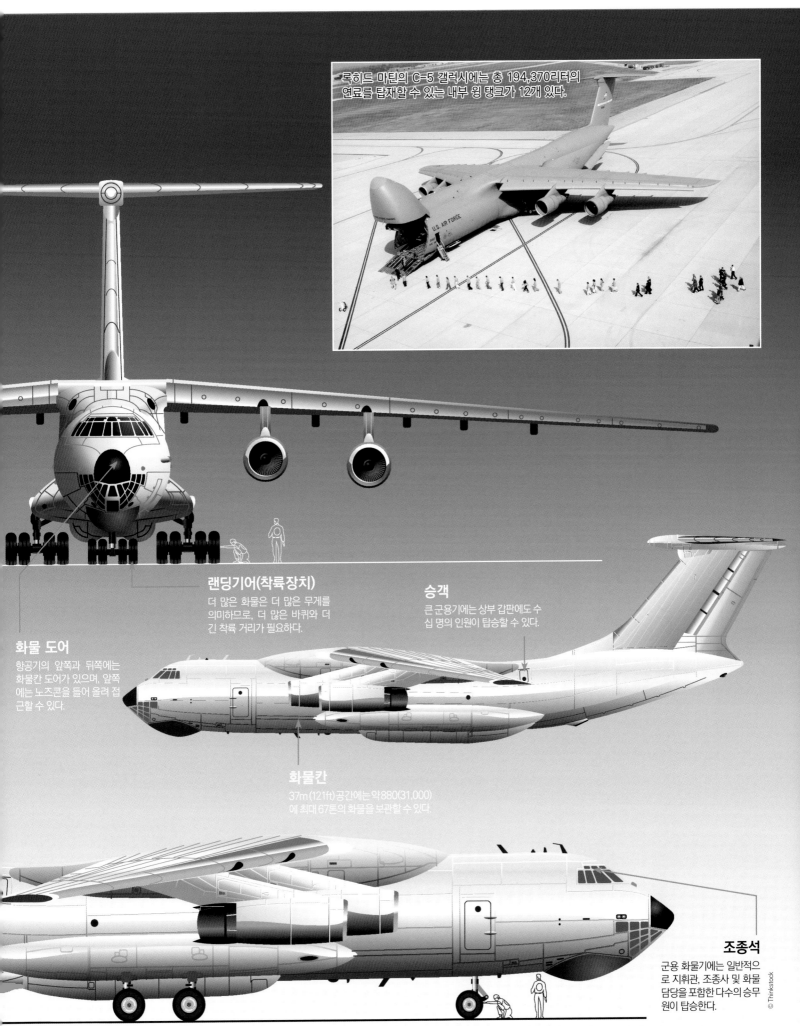

록히드 마틴의 C-5 갤럭시에는 총 194,370리터의 연료를 탑재할 수 있는 내부 윙 탱크가 12개 있다.

랜딩기어(착륙장치)

더 많은 화물은 더 많은 무게를 의미하므로, 더 많은 바퀴와 더 긴 착륙 거리가 필요하다.

승객

큰 군용기에는 상부 갑판에도 수십 명의 인원이 탑승할 수 있다.

화물 도어

항공기의 앞쪽과 뒤쪽에는 화물칸 도어가 있으며, 앞쪽에는 노즈콘을 들어 올려 접근할 수 있다.

화물칸

37m(121ft)공간에는 약880(31,000)에 최대 67톤의 화물을 보관할 수 있다.

조종석

군용 화물기에는 일반적으로 지휘관, 조종사 및 화물 담당을 포함한 다수의 승무원이 탑승한다.

© Thinkstock

1. 날개
Harrier의 콤팩트한 날개를 통해 일련의 배기 튜브는 고압 공기를 엔진으로부터 끝까지 밀어주어 조종 중 안정성을 높인다.

VTOL항공기

지난 60년 동안 VTOL(수직 이륙 및 착륙) 항공기는 엔지니어가 항공학의 성배라고 주장할 만한 것을 위해 노력하면서 크게 발전했다.

2. 노즐
Harrier의 Pegasus 엔진 벡터링 노즐의 하나이다. 98.5도의 원호로 회전할 수 있는, 4개의 노즐에 의해 엔진의 추력은 수직 또는 짧은 이륙 방향으로 향할 수 있다.

Harrier Jump Jet

모든 VTOL 항공기 중 가장 유명한 Harrier 전투기는, 첨단기술과 공기역학적 다양성 덕분에, 전 세계적으로 활용되고 있다.

1969년 출시된 이래 지난 40년 동안 해리어 점프 제트기는 수직 이착륙 개념의 전형이 되었다. 가벼운 공격, 다중 임무를 수행하기 위해 열렬한 군비 경쟁 속에서 태어났다.

VTOL 기능을 갖춘 전투기인 Harrier는, 이전에 설계된 바 있는 아주 고비용이며 전적으로 학문적인 노력을 발전시켜, VTOL이 실제로 작동할 수 있음을 입증하였다. 실제로 오늘날까지도 여전히 전 세계적으로 운영되고 있으며 다양성과 신뢰성으로 찬사를 받고 있다.

Harrier의 VTOL 기능은, 팬과 코어 공기흐름이 배출되는 4개의 회전 노즐을 갖춘, 바이패스 비율이 낮은 터보팬인 Rolls-Royce Pegasus 엔진에 의

지상을 떠나는 중…

2. 추력
Pegasus 엔진은 엔진의 엄청난 추력을 4개의 메인 벡터 노즐에 고르게 분배하여 양력과 균형을 제공한다.

1. 안정성
메인 벡터 노즐과 협력하여 윙 팁, 노즈 및 테일의 반응 제어 노즐은 공중에서 안정성을 유지하는 데 도움이 된다.

3. 전진 비행
필요한 수직 추력이 달성되면 Harrier의 조종사는 벡터 노즐을 점진적으로 회전시켜 전진 운동량을 얻는다.

Harrier 수직 이륙에 필요한, 회전 가능한 벡터 노즐 중 하나

3. 공기 흡입구
Harrier의 VTOL 기능의 핵심은 엔진의 고압공기를 모든 다중-방향 노즐에 분배하는 것이다. 이 공기는 Harrier의 듀얼 공기 흡입구를 통해 유입된다.

Harrier에 동력을 공급하는 Rolls-Royce Pegasus 엔진

지도에서

해리어 배치
Harrier는 세계 여러 나라의 많은 군부대에서 운용한다.

1 UK	4 India
2 Spain	5 Thailand
3 Italy	6 USA

해 가능해졌다. 이 노즐은 항공기에서 표준으로 사용되는 기존의 후미 (수평) 위치에서 헬리콥터처럼 수직으로 이착륙할 수 있도록 98.5도 아크(arc)로 회전하도록 조종사가 조종할 수 있다. 모든 노즐은 일련의 샤프트와 체인 드라이브로 움직여서 동시에 작동하고 각도와 추력은 조종사가 조종석에서 결정한다.

제어 노즐 각도는 기존 스로틀 옆에 배치된 추가 레버에 의해 결정되며, 수직 이륙을 위한 고정 설정(이 설정은 항공기 고도와 관련하여 실제 수직 위치가 유지됨)과 단거리 이륙(항공 모함에서 유용함) 및 다양한 다른 동작은 각각 도전적인 비행 조건에서 조종사의 해리어 제어를 지원하도록 맞춤화되어 있다.

물론, 노즐 레버는 조종사가 점진적으로 조작할 수 있다. Harrier를 비행할 수 있으려면 노즐 레버와 관련된 스로틀의 미세 제어가 중심이므로 잠재적 조종사의 교육에 다른 차원의 교육이 추가된다. Harrier에는 벡터링 엔진 노즐뿐만 아니라, 기수(아래로 분배), 윙 팁(아래로 및 위로 분배) 및 꼬리(아래 및 측면 분배)가 공중에 떠 있는 동안 안정적으로 유지되도록 하기 위해서는 추가 반응 제어 노즐이 필요하다.

이 노즐에는 엔진에서 여과된 고압 공기가 공급되고 항공기를 통과하는 파이프 시스템을 통해 분배된다. 밸브를 통해 제어되는 이러한 압축공기의 공급 및 활용을 통해 파일럿은 Harrier의 동작을 피치, 롤 또는 요에서 조정할 수 있다.

이 시스템은 메인 엔진 노즐이 부분적으로 벡터화되고, 전방 노즐로 여과된 압축공기의 양이 공기속도와 고도에 의해 결정되면 활성화된다.

Vertol VZ-2

완전한 기능을 갖춘, 최초의 VTOL 항공기 중 하나인 Boeing Vertol VZ-2는 거대한 V-22 Osprey의 길을 열었다.

지난 50년 동안 많은 VTOL 항공기가 설계되었지만, 대부분은 두 가지 범주 중 하나에 속한다: 벡터링 엔진 노즐을 기반으로 하는 것과 틸트-윙 기술을 채택한 것이다. Vertol VZ-2는 틸트-윙 범주에 속하며 VTOL에 대한 틸트-윙 접근 방식을 조사하기 위해 1957년에 제작된, 격렬한 실험용 연구 항공기이다. 연장된 비행기와 같은 T-테일을 가지고 있지만, 기존의 헬리콥터를 닮은 VZ-2는 덮개가 없는 관형 구조 동체와 1인승 버블 캐노피를 갖추었다.

VZ-2 스포츠 트윈 로터는 회전 가능한 날개에 있는, 단일 700hp 터보 샤프트 엔진으로 구동되며, T-테일의 일련의 소형 덕트 팬과 협력하여 추진력과 양력을 제공했다. 경량 설계로 인해 달성된 최고속도는 210mph, 낮은 비행고도는 13,800ft이며 항속거리는 210km로 매우 짧았다.

이러한 단점에도 불구하고 Vertol은 8년 동안 완전 수직에서 수평으로 전환한 34회를 포함, 총 450회의 비행을 수행하여 매우 성공적이고 유익한 실험임을 입증했다. VZ-2의 유산은 오늘날 V-22 Osprey에 사용된 타이태닉 틸트-로터 디자인과 기술에서 찾아볼 수 있다.

"T단일 700hp 터보-샤프트 엔진으로 구동되는 VZ-2 스포츠 트윈 로터"

VZ-2의 첫 번째 비-전환 테스트 비행

기술 사양

Vertol VZ-2

승무원:	1
길이:	8.05m
날개길이:	7.59m
높이:	4.57m
무게:	3,700lb
엔진:	1x Avco Lycoming YT53-L Turboshaft

Bell X-14

실험용 고정익 항공기인 X-14는 VTOL 기술의 경계를 허물었다.

Vertol VZ-2와 달리 Bell의 X-14 실험용 VTOL 항공기는 기존 항공기와 최대한 비슷하게 제작 및 설계되었으며, 다른 기존 항공기의 일부로도 제작되었다. 날개가 고정되었을 뿐만 아니라 엔진이 표준 수평 위치에 있었으며 최고속도 180mph, 비행고도 20,000ft에 달하는 X-14의 디자인은 기존의 것처럼 보였다. 그러나 X-14는 엔진동력의 방향을 제어하기 위해 이동식 베인 시스템에 의존하는 새로운 개념의 다중 방향 엔진 추력을 활용한 최초의 VTOL 항공기 중 하나였다.

흥미롭게도 2년간의 성공적인 비행 끝에 이 항공기는 VTOL 비행에 관한 많은 데이터를 제공했을 뿐만 아니라 제어 시스템이 달 모듈에 제안된 것과 유사했기 때문에 NASA Ames 연구 센터로 인도되었다. 이 비행기는 우주 훈련을 위한 가치 있는 테스트 기체로 간주되었다. 실제로 달 위를 걸은 최초의 사람인 닐 암스트롱은 달 착륙 트레이너로 X-14를 비행했으며, NASA에서 1981년까지 계속 사용했다(총 25명의 우주 조종사가 연습한 것으로 보인다).

기술 사양

Bell X-14

승무원:	1
길이:	7.62m
날개길이:	10.36m
높이:	2.40m
무게:	3,100lb
엔진:	2x Armstrong Siddeley Viper 8 Turbojet

시범비행 중인 Bell X-14

시험비행 전에 활주로에 준비 중인 X-14

A Yak-38 on the deck of a Soviet aircraft carrier

Yak-38 이륙 시스템

2. 메인 엔진
Yak의 주 엔진은 2개의 주 노즐에만 동력을 공급했다.

3. 파이프
Harrier와 마찬가지로 일련의 파이프가 압축공기를 전달했다.

1. 분리된 엔진
VTOL 기동에는 2개의 작은 개별 엔진이 사용되었다.

Yak-38

소련 해군 항공의 최초이자 유일한 VTOL 다목적 전투기, Yakovlev Yak-38

Yak-38의 퇴역 모델, 벡터 노즐 중 하나가 명확하게 보인다.

© George Chirnilavsky

기술 사양	
Yok-38	
승무원:	1
길이:	16.37m
날개길이:	7.32m
높이:	4.25m
무게:	16,281lb
엔진:	1x Tumansky R-28 V-300 Turbojet

British Hawker P.1154와 Harrier Jump Jet의 디자인에 영향을 받은 Yak-38 VTOL 항공기는 동시대의 항공기와 비슷해 보였지만 근본적으로 다른 내부 구성과 일반적으로 낮은 품질의 구조 및 시스템은 비용이 많이 들어간 실수로 판명되었다. 단일 동력원으로부터 4개의 노즐을 통해 추력이 벡터링된 Harrier의 단일 페가수스 엔진과 달리 Yak-38은 메인 엔진에서 2개의 노즐만 사용했으며, 수직 이착륙을 위해 함께 사용되는 항공기의 앞부분에 장착된 한 쌍의 저출력 엔진에 의존했다.

덜 다듬어지고 낮은 수준으로 개발된 시스템이라는 점 외에도 Yak-38은 한꺼번에 일괄적으로 제작되었다. 그러나 곧 해상 시험 중에 엄청난 문제에 직면했다. 더운 날씨에는 별도의 리프트 제트가 종종 시동이 걸리지 않아(산소 부족으로 인해) 비행갑판에 좌초되어 있기 일쑤였다. 처음에는 무거운 적재물을 운반할 수 있는 것으로 간주하였으나 더운 날씨로 인해 작동 범위가 줄어들었다. 겨우 여분의 연료 탱크만 운반할 수 있었다. 또한 항공기 엔진의 평균 수명은 22시간에 불과했고 많은 조종사가 비행할 때마다 심각한 엔진 문제에 직면했다 (Yak-38은 시스템/ 엔진 고장으로 인해 20대 이상이 추락, 살인자라는 오명을 얻음). 마지막으로, 비행이 끔찍하게 어려웠고 원격 측정 /원격 명령 링크로만 착륙할 수 있었기 때문에 지상전에는 쓸모가 없었다.

Yak-38은 분명히 콘셉트적인 이상 - VTOL 기능을 갖춘 다중 임무 전투 제트기로, 속도 980km/h 비행고도 40,000ft, 작전 범위 240km-에 부응하지 못했다. 그리고 1991년 6월의 마지막 치명적인 충돌 이후 퇴역했다.

V-22 Osprey

세계 최초의 틸트-로터 항공기인 V-22 Osprey는 VTOL 기술의 최첨단 제품이다.

틸트-로터/윙 VTOL 항공기의 정점인 V-22는 30년 동안 개발되었으며 비행 속도, 고도, 내구성 및 고정익 화물기의 범위에서 헤비 리프트 헬리콥터의 화물 운반 능력을 제공한다.

두 가지 다른 형태의 항공기가 결합된 이 환상적인 하이브리드는 혁신적인 틸트-로터 기술 (파일럿이 90도 이상 조정할 수 있는 트윈 벡터링 로터) 덕분이다. - 접이식 고정 날개, 수직 이륙 및 재래식 비행이 가능하다. 두 로터 모두 Allison T406-AD400 틸트-로터 엔진에 의해 구동된다. 이 엔진은 거대한 크기와 운반 용량(내부적으로 20,000파운드)을 고려할 때 각각 출력 6,150hp를 발휘한다.

흥미롭게도 V-22의 설계는 STOL (짧은 이착륙) 기동에서 더 많은 성과를 거두었음에도, Vertol VZ-2에서 시연된 것과 같은 틸트-윙 VTOL 항공기보다 VTOL 기동에서 수직 리프트 조건이 10%나 낮았다. 그러나 V-22는 로터를 45도 이상 유지할 수 있는 시간이 길어, 항공기의 수명이 크게 향상되었다.

안타깝게도 현재 이라크와 아프가니스탄 분쟁에서 안전하고 성공적인 작전이었음에도 V-22와 관련된 수많은 사고가 발생하여 승무원과 전투 병력이 30명 이상 사망했다.

기술 사양	
V-22 Osprey	
승무원:	4
길이:	17.5m
날개길이:	14m
높이:	6.73m
무게:	33,140lb
엔진:	2x Rolls-Royce Allison T406/AE 1107C-Liberty Turboshaft

V-22는 VTOL 항공기의 새로운 지평을 열었다.

78

100

100

86

96

92

항해의 새로운 시대

돛의 힘을 바꾸는, 새로운 물결의 21세기 함대를 만나보자.

옛날에는 범선이 바다를 지배했다. 요트와 같은 쾌속 범선은 19세기 아시아에서 유럽으로 차, 향신료, 심지어 금을 가져오기 위해 처음으로 경쟁했다. 아마도 가장 유명한 것은 커티-샤크(Cutty Sark)로 런던에서 시드니까지 70일이 조금 넘게 걸리는 기록을 세웠으며, 항해 중에 17노트(31.5km /h) 이상의 속도에 도달했다.

쾌속 범선 다음에는 대륙 사이에 목재와 같은 최대 5,000톤의 무거운 화물을 운송한 거대한 범선이 있었다. 큰 돛대 5개와 넓은 정사각형 돛으로도 평균 약 7.5노트(13.9km/h)로 달렸다.

쾌속 범선과 거대한 범선 모두 세계를 일주하기 위해 주로 바람에 의존했다. 1869년 수에즈 운하가 개통되면서 범선시대의 종말을 예고했다. 운하는 북대서양에서 인도양까지의 짧은 항로를 제공했지만, 바람이 가장 약한 내륙에 있었다. 따라서 증기선을 선호하게 되고, 이어서 더 효율적인 디젤엔진 선박을 선호하게 되었다.

배를 이용한 운송은 오늘날에도 우리가 상품을 운송하는 주요 수단이다. 실제로 선적량은 1970년대 이후 400% 증가했으며, 현재 우리가 소비하는 제품을 운반하는 선박은 약 100,000척으로 추정된다. 글로벌화된 세계에서 현재 국제 무역의 90%는 바다를 통해 운송된다. 그러나 16척의 가장 큰 화물선은 8억 대의 자동차만큼 많은 유황 오염을 일으킬 수 있다.

이는 부분적으로 컨테이너선이 저급 '벙커 연료'를 사용하기 때문이며, 이는 우리가 자동차에 사용하는 정제된 휘발유보다 훨씬 더 해롭다. 선박의 유해물질 배출 규제를 위한 법규가 있으나, 유해물질은 매년 수천 명의 인간의 사망을 초래하는 것으로 보인다. "지속 가능한 해운 이니시어티브"와 같은 조직이 2040년까지 해운업계 개혁을 위해 노력하고 있지만 기후 변화는 더 빠르게 진행되고 있다.

그러나 새로운 세대의 선원과 선박 건조회사는 미래를 구하기 위해 과거를 활용한, 환경친화적인 해결책을 모색하고 있다. 지난 10년 동안 열대지방에서는 소량의 물품을 수송하기 위해 오래된 쾌속 범선처럼 전통적인 범선을 개조했다.

한편, 연료 비용 상승으로 인해 막대한 화물을 운송하는 대기업도 고전적인 대형 범선을 현대적으로 개조하는 것과 같은 혁신을 하지 않을 수 없다. 풍력의 친환경적 혁신은 화물운송에만 국한되지 않고 Maltese Falcon과 같은 고급 요트에도 돛을 활용한다.

> "16척의 초대형 화물선은 자동차 8억대 보다 더 많은 유해물질을 배출할 수 있다"

자립형 마스트
3개의 돛대는 각각 5개의 돛을 가지고 있으며, 돛의 면적은 총 2,400에 달한다.

유압 시스템
밧줄을 사용하여 돛을 조정하는 대신에, 돛이 바람을 잡을 수 있도록, 돛대를 회전시키는 유압 시스템을 사용한다.

상징적인 쾌속 범선 Cutty Sark는 1870년부터 1922년 사이에 전 세계로 화물을 운송했다.

회전
삭구를 사용하지 않으므로 마스트와 야드-암은 제한 없이 회전할 수 있다.

빠른 펼침
돛대 안에 보관된 돛은 단 6분 만에 야드-암을 따라 펼칠 수 있다.

컴퓨터 제어
돛의 회전은 돛에 배정된 96개의 광센서가 제공하는 정보를 이용하는 컴퓨터 시스템으로 제어할 수 있다.

항해 장비의 재발명

　Maltese Falcon이 2006년 요트 현장에서 돛을 올렸을 때 혁명적이라고 칭송 받았다. 이 돛은 공기역학적으로 구부러져 있었고 돛대는 유압장치에 의해 바람에 가장 적합한 각도로 회전했다. 최첨단으로 보이지만 실제로는 1970년대 독일의 한 엔지니어가 이 기술을 개발했다.

　Shell Oil에서 30년 동안 근무한 Wilhelm Prölss는 1973년 석유위기에 급등하는 연료비를 극복하기 위해 Dynaship(DynaRig라고도 함)이라고 하는 독립형 회전 돛을 사용하는 화물선을 제안했다. 그러나 그의 아이디어는 미국 억만장자 Tom Perkins가 Maltese Falcon을 의뢰할 때까지 제대로 테스트되지 않았다. 1970년대에는 그런 기술이 없었기 때문이다: 수력학은 충분히 신뢰할 수 없었고 마스트는 너무 무거웠다. 그러나 최근의 발전, 특히 탄소섬유의 발전은 이것을 바꾸어 놓았다.

　2006년 첫 항해 이후 Maltese Falcon은 DynaRig 개념이 작동함을 입증했다. Maltese Falcon 설계를 도왔던 Dykstra Naval Architects는 Prölss의 원래 비전에 따라 Ecoliner 화물선에 대한 계획을 개발했다.

Maltese Falcon 슈퍼 요트는 Ecoliner 화물선과 같은 다른 친환경 선박의 개념이 작동할 수 있다는 증거이다.

© Getty, Thinkstock

79

급진적인 재설계

이 컨테이너 선박은 거대한 에어-포일(air foil)처럼 작동하여 바람 속으로 직접 항해할 수 있다.

Ecoliner는 고전적인 범선에 현대적인 변형을 제공하지만 Vindskip은 비행기 디자인에서 주도권을 잡는다. 배의 선체는 독특한 모양이며 높은 면이 비행기의 날개 모양처럼 바깥쪽으로 구부러져 있다. 이것은 Vindskip이 바람과 함께 항해하기보다는, 다가오는 바람으로 항해한다는 것을 의미한

다. 날개모양의 Vindskip은 공기역학적 양력과 유사한 힘을 이용하여 배를 앞으로 당기게 된다.

Ecoliner와 마찬가지로 Vindskip은 정지상태에서 작동하도록 액화 천연가스 엔진이 장착된 하이브리드 선박이다. 그러나 풍력이 Vindskip을 해상에서 끌고 가는 데 도움이 되므로 엔진이 작아도 된

다. 즉, 더 많은 화물을 적재할 수 있는 여유 공간을 확보하는 동시에, 연료를 60% 절감하고 유해물질을 80%까지 줄일 수 있다. 이 혁신적인 선박은 노르웨이 회사인 Lade AS가 설계했으며, 선박 건조 업체가 설계 허가를 받으면, 2019년까지 Vindskip 상선이 처음 등장할 계획이다.

에어포일 파워
Vindskip은 세련된 디자인으로 '대형 범선'에 새로운 의미를 부여한다.

고속
항로에 상관없이 Vindskip은 평균 16노트(30km/h) 이상의 속도로 항해할 수 있다. Tres Hombres는 1940년대의 소해정을 재건하여 현대화물을 운송한다.

컴퓨터 분석
전문적인 소프트웨어는 날씨와 우세한 바람을 기반으로 최적의 항로를 계산한다.

비상 탈출
Vindskip에는 보트 상단 주변의 '가장자리'에서 떨어지는 구명정이 있다.

순항속도 제어
Vindskip에는 또한 풍속이 낮아도 일정한 속도를 유지하는 엔진이 있다.

쉬운 접근성
화물선은 자동차 7,000대를 운송할 수 있으며, 측면-해치로 싣고 내릴 수 있다.

날개모양의 디자인
선체는 대칭형 날개모양이므로 바람 속으로 항해하면 공기역학적 양력으로 선박을 추진한다.

전통적인 화물운송

에코 혁명을 이끄는 로맨틱한 럼(rum)-주자

Tres Hombres 스쿠너는 항해 초기의 유물처럼 보인다. 그러나 실제로는 2009년 12월 이후로 항해를 시작했으며 풍력으로 복귀하는 최전선에 있다.

친환경 화물운송을 실현하는 데 전념하는 네덜란드의 조직인 Fairtransport가 소유하고 운영한다.

최첨단 기술을 사용하는 대신에 Tres Hombres는 전통적인 12개의 돛을 사용한다. 그럼에도 탄소 배출량을 90% 줄이면서 럼, 커피, 코코아를 대서양을 가로질러 운송

함으로써 풍력혁명을 시작하고 있다. 화물을 보관할 수 있는 공간이 35에 불과하므로 Tres Hombres는 전 세계의 모든 운송 요구를 충족하지는 못할 것이다. 그러나 혼자가 아니다.

Fairtransport의 Sail Cargo Alliance는 현재 많은 다른 선박을 개발하고 있으며, 다른 회사인 Sail Cargo Inc는 풍력과 태양열을 혼합한 자체 탄소중립 쾌속 범선을 성공적으로 크라우드 펀딩했다. 친환경 운송을 향한 추진이 진정으로 시작되었다.

Tres Hombres는 1940년대의 소해정을 재건하여 현대화물을 운송한다.

높게 비행하는 기구

자동 항해는 기존 선박의 연료 사용량을 줄일 수 있다.

새로운 바람-보조 선박에 대한 많은 아이디어가 있지만, 대부분은 시험 선박 단계에 불과하며 항해를 시작하기까지 수년이 걸린다. 한편, 5만 척의 화물선은 계속해서 오염을 일으키고 기후 변화에 영향을 미칠 것이다. Ecoliners 및 Vindskip 개념이 완성된 후에도 많은 운영자가 기존 선박을 즉시 교체하는 것은 비용 효율적이지 않다. SkySails는 오늘날 상선에 풍력을 활용하는

기술을 적용하여 즉시 사용하는 연료의 양을 줄일 수 있는 실질적인 대안을 제공하고 있다.

독일에 본사를 둔 이 회사는 지금까지 5척에 연을 장착했다. 돛만큼 강력하지는 않지만, 연이 높은 고도(바람이 더 강한 곳)에 있을 때 이 패러글라이더 날개 모양의 연은 좋은 바람에서 최대 2,000kW의 구동력을 추가할 수 있으며, 하루 평균 2~3톤의 연료절약 효과를 얻는다.

연 날리기

풍력발전용으로 기존 선박에 SkySails를 장착할 수 있다.

전자 제어
연은 선박의 브릿지에 설치된 콘솔을 사용하여 원격으로 제어할 수 있다.

양력 생성
비행기의 날개처럼 연을 가로지르는 기류는 양력을 생성하는 압력의 차이를 만든다.

초대형 연
선박에 따라 연의 표면적은 150~600에 달한다.

연결 케이블
파손되지 않는 로프는 해발 300m까지 연을 날릴 수 있을 만큼 길다.

연 크랭크
배 앞쪽 갑판의 유압 윈치는 연이 날아가는 높이를 제한한다.

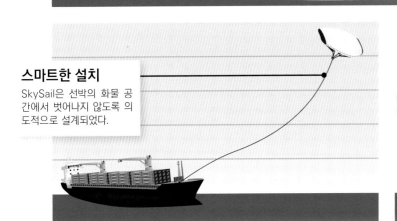

스마트한 설치
SkySail은 선박의 화물 공간에서 벗어나지 않도록 의도적으로 설계되었다.

넓은 항로 범위
연은 바람에 대해 다양한 각도 범위에서 작동할 수 있으므로, 배는 바람으로부터 최대 50도까지 기울어진 항로를 항해할 수 있다.

대양의 사냥꾼

이 놀라운 공학의 기술은 그 어느 때보다 깊은 바다를 더 가깝게 만든다.

깊은 바다에는 무엇이 있을까? 이 질문은 수십 년 동안 인류를 매료시켰다. 우리는 지구의 심해에 대해 아는 것보다 달 표면에 대해 더 많이 알고 있다. 해저 방문 계획은 우주 탐험만큼이나 제약이 많기 때문이다. 그러나 자연이 인간에게 문제를 던지면, 인간은 기술적인 해결책을 찾는다.

1580년 영국의 한 여관주인이 부력과 물의 배제 체적의 특성에 대해 생각하면서 최초의 잠수함을 꿈꿨다고 한다. 그로부터 인간을 압력이 가해진 선실을 이용하여 해수면으로부터 가장 깊은 바닷속까지 데려가는 원리는 과학자, 군대, 탐험가 모두에게 중요한, 거대한 산업으로 성장했다.

그러나 그렇게 깊이 잠수하면 어떤 이점이 있으며, 무엇을 볼 수 있는가? 특정 지역의 해저와 지질학적 및 지형적 특성을 연구하면, 지구 표면에 대해 더 많이 알 수 있다. 판 구조론을 연구하는 과학자들은 해구에서 많은 것을 배울 수 있으며, 지진 예측과 쓰나미 경보 시스템에서 큰 발전을 이룰 수 있는 지식을 얻을 수 있다.

마찬가지로 해저에서 수집되는 썩어가는 물질에 관한 연구는, 탄소가 생태계를 통해 순환하는 방식과 탄소가 해양에 저장되는 방식에 대해 더 많이 이해하는 데 도움이 될 수 있다. 따라서 이것은 기후 변화에 대한 우리의 이해에 영향을 미칠 수 있다.

잠수정은 일반적으로 3명의 승무원을 태운 유인 잠수함이다. 가장 유명하고 가장 오래 사용된 잠수정 중 하나는 미국 매사추세츠에 있는 Woods Hole Oceanographic Institution이 소유한, 승객을 태울 수 있는 최초의 Alvin이다. 심해 탐사 및 연구에 사용할 수 있는 ROV 또는 원격 작동 기체도 있다. 이들은 모선에서 제어할 수 있는 로봇으로, 깊은 해저에서 이미지를 촬영할 수 있는 카메라와 샘플을 채취할 수 있는 도구를 갖추고 있다.

해저에서는 높은 수압이 큰 적이다. 깊이 10m (33ft)마다 압력은 1bar(인치 제곱당 14.5 파운드)씩 증가한다.

새로운 기술이 Virgin Oceanic의 많은 신형 심해 탐사선 안에 숨겨져 있다.

Virgin Oceanic 잠수정

잠수함 설계사 Graham Hawkes가 디자인한 Richard Branson의 심해 모험용의 혁신적인 잠수정을 살펴보자.

날개 조명등
날개에 장착된 조명등은 길을 안내하고, 가장 어두운 바다 깊은 곳을 비춘다.

11,034m

이 잠수정이
도달 가능할 것으로
예상되는 수심

압력 선체
조종사는 13cm (5.1
인치) 두께의 탄소섬유
로 만든 원통형 튜브
안에 엎드려 있다.

잠수정 날개
항공기와는 반대로, 이
유체역학적 '날개'는 잠
수정을 아래로 당기도
록 설계되어 있다.

부력 발포 수지
잠수정의 부력은, 속이
빈, 아주 미소한 유리구
세트로 구성된 합성 발
포 수지가 제공한다.

추진기
날개와 조화를 이루며
작동하는 이 추진기는
잠수정이 해저에서 최
대 10km(6.2mi)까지
순항할 수 있게 한다.

관찰 돔
잠수정의 전통을 깨는, 이
반원형 돔의 재질은 합성
석영이며, 심해의 탁 트인
전경을 볼 수 있다.

Alvin 내부
해양과학에서 가장 오래 작동 중인
심해 잠수정 중 하나를 살펴보자

추진기
Alvin은 가역 추진기 7개
의 동력으로, 순항속도 약
1.85km/h(1.15mph)로
심해를 누빈다.

돛(sail)
돛이라고 하는 이것은
조종사와 승객이 압력
선체 전에 잠수정에 들
어가는 해치를 가지고
있다.

카메라와 조명
Alvin에는 심해를 촬
영, 기록하기 위한 고화
질 카메라와 길을 비추
는 LED 조명등이 있다.

밸러스트 구체
가변 밸러스트 시스템
은 잠수정의 총 중량을
변경하기 위해, 해수를
탱크 안 또는 밖으로 펌
핑한다.

배터리 탱크
2개의 배터리 탱크가
Alvin에 전원을 공급
하여 최대 6시간 잠수
할 수 있다.

조작기 암
Alvin은 유압식 조작기
로 샘플 채집과 같은 작
업을 수행할 수 있다.

선실 구역
Alvin의 새로운 선실 구역
은 더 커졌으며, 향상된 인
체공학과 5개의 관찰 포
트가 있다.

샘플 바구니
이를 통해 Alvin은 장
비를 목적지로 가져가
거나, 샘플과 인공물들
을 표면으로 다시 가져
올 수 있다.

4,600+
Alvin의 50년 역사에서
잠수한 횟수

이는 전체 바다 깊이에서의 압력은 우표 한 장의 넓이에 큰 코끼리의 무게가 작용하는 것과 같음을 의미한다. 이로부터 살아남으려면 심해 잠수정은 극도로 강해야 한다.

잠수정과 ROV의 표피는 놀라운 압력에도 불구하고 파손되지 않는 재료로 제작해야 한다. 티타늄은 믿을 수 없을 정도로 튼튼하며 부식에 강하고 해양 해구의 낮은 빙결온도와 열수 활동의 높은 온도를 모두 견딜 수 있으므로 자주 사용한다.

잠수정의 압력 선체는 인간이 작업하기에 적합한 내부 압력을 유지하면서 가장 강건해야 하는 영역이다. 이 특정 모양에서는 압력이 동일하게 작용하므로 볼(ball) 모양이 가장 일반적인 형태이다. 많은 잠수정에는 구조를 약화시킬 수 있는 이음매가

없이 하나의 요소로 구성된 구(ball)형의 선실이 있다. DOER Marine의 Deepsearch 잠수정은 이 기술을 사용하며, 구형의 선실은 믿을 수 없을 정도로 단단한 유리로 제작되어 있다.

근본적으로 다른 압력선체를 사용하는 잠수정 중 하나는 Virgin Oceanic의 잠수정이다. 이 잠수정은 13cm(5.1인치) 두께의 탄소섬유로 만든 원통형 구획을 특징으로 하며, 믿을 수 없을 정도로 강한, 합성 석영으로 만든 투명 돔으로 덮여 있다.

잠수정 설계의 또 다른 핵심 요소는 부력이다. 잠수정은 조종사의 의도에 따라 물기둥 안에서 하강, 상승 및 '떠 있을(hover)' 수 있어야 한다. 유인 및 원격으로 작동하는 많은 잠수정은 물주머니를 사용하여 밸러스트를 유지한다. 잠수정이 물기둥 내에

서 작동할 수 있게, 물주머니를 채우거나 비울 수 있다. 잠수정과 ROV를 뜨게 하도록, 많은 잠수정은 공기로 채워진 세라믹 구체를 이용한다. 구체는 종종 에폭시 수지에 혼합된 아주 작은 유리구슬로 만들어진, 가벼운 물질인 합성 발포수지와 함께 설치된다. 이러한 기능은 밸러스트와 함께 작동하며 안전 기능도 수행한다. 잠수정이 심해에서 문제에 직면하면, 버릴 수 있는 무게를 버리고 부력을 이용하여 수면으로 떠오를 수 있다.

ROV(원격 작동 잠수정)는 다양한 깊이의 잠수능력과 용도를 가진 다양한 구성으로 제작된다. 대부분은 석유산업에서 시추 지원 또는 해저 건설, 해군에서는 수색 및 복구 임무에, 과학자들은 해양을 탐사하고 자료를 수집하는 데 사용한다.

해양학자에게 물어보자!
DOER Marine의 사장 Liz Taylor가 심해 탐사의 과제를 밝힌다.

오늘날 심해 탐사가 직면한 주요 문제는 무엇인가요?

우리는 바다의 가장 깊은 곳까지 안정적으로 도달할 수 있는 유인 및 무인 시스템을 구축할 수 있는 능력과 기술을 가지고 있습니다. 부족한 것은 탐사 자금을 효과적으로 지원하려는 의지입니다. 의미 있는 탐험을 하려면, 모든 탐험이 예상대로 진행되지는 않을 것이라는 점도 기꺼이 받아들여야 합니다. 때때로 가장 큰 발견은 우연히 이루어집니다.

DOER Marine은 어떤 기술을 개발했나요?

우리는 광범위한 작업을 위해 응용과학, 다중 임무 ROV 또는 잠수정을 개발하기 위해 노력해 왔습니다. 우리의 시스템은 새로운 기술과 고객의 요구에 따라 발전하도록 설계되었습니다. 예를 들어, 작년에 하와이 대학에 인도된 6,000m[19,685ft] ROV는 유인 잠수정 프로그램 백업부터 Station Aloha Ocean Observing System 서비스, 역사적인 난파선 및 오래된 탄약 현장 문서화에 이르기까지 다양한 분야를 지원합니다. 기본적인 지질 및 생물학적 조사와 표본채취 작업을 수행하고요. HD 카메라가 장착되어 있고 다중 센서를 지원하며 자료수집 용량을 극대화하는 기가비트 이더넷을 갖추고 있습니다.

지난 몇 년 동안, 이 분야의 주요 발전은 무엇인가요?

주요 발전은 재료 과학, 처리 능력 그리고 많은 부품의 크기의 소형화입니다. 그러나 승객 탑승용 잠수정의 경우 배터리 기술의 발전은 국면 전환 요소였습니다.

새로운 심해 기술이 발굴에 도움이 된 주요 발견은 무엇인가요?

가장 흥미로운 발견 중 일부는 바다가 유망한 신약과 관련이 있는 것입니다. 스크립스 해양학 연구소 과학자들은 살을 먹는 박테리아와 싸우는 데 효과적인 것으로 밝혀진 미생물을 연구해 왔습니다. 캐나다 암 학회는 심해 해면동물과 관련된 연구에 자금을 지원하였고요. 인공 신장 연구에서 해면동물도 연구되고 모델링 되고 있습니다. 실제로 가장 큰 발견은 우리가 알고 있는 것보다 훨씬 더 많은 것이 바다에 있다는 것입니다.

심해 탐사의 미래는 어떻게 될까요?

[심해 탐사에서] 로봇과 센서를 독점적으로 사용하는 것에 대해 많은 논의가 있었습니다. 하지만 센서와 드론은 훌륭한 도구이지만 직관력이 없고 직감으로 행동할 수 없습니다. 그들은 놀라거나 직접 이야기를 공유하기 위해 돌아올 수 없으며 상상력을 자극하고 다른 사람들이 관심을 가지도록 설득할 수는 없습니다. 우리가 지금 바다에 대해 알고 있는 것과 그것이 우리의 생존에 중요함을 알기 때문에, 나는 우리가 계속해서 "배를 타고(그리고 잠수정으로) "바다로 내려갈 것"이지만 아마도 약탈자라기보다는 지킴이 역할을 할 것이라고 봅니다.

DOER Maine의 심층 탐사
물기둥 전체를 통해 사람이 직접 관찰할 수 있는 어뢰 모양의 잠수정

DOER 프로젝트 총예산 4천만 달러

부력
Deep Search의 부력은 잠수정의 뒷면을 채운 가볍고 공기가 들어있는 수많은 세라믹 볼에 의해 제공된다.

선실 구역
최대 3명의 승무원을 수용할 수 있는 구형 공간에는 모든 응급 생명 지원, 디스플레이 화면 및 제어 패널이 있다.

조망구
승무원이 앉아 있는 단단한 유리구는 수중과 그 안의 생명체에 대한 놀라운 전망을 제공한다.

유영 시간
Deep Search는 약 8~12시간 잠수할 수 있으며, 90분 이내에 해저에 도달할 수 있다.

조작기 암
표본채취와 같은 작업에 사용되는 유압 로봇 암. 지질표본 채취기와 같은 다양한 도구를 팔에 부착할 수 있다.

다재다능
심층 탐사 잠수정은 모든 깊이에서 정지, 호버링, 이동, 표본채취 및 기타 다양한 작업을 수행할 수 있다.

© E. Paul Oberlander-Woods Hole Oceanographic Institution: Doer Marine

모든 ROV에는 비디오 정보를 모선에 연결하는 카메라가 있다. 모선에서 조작자는 임무에 따라 잠수정을 통제, 조작할 수 있다. 로봇은 종종 로봇을 제어하는 사람이 조작하는 유압식 조작기 암과 같이 고도로 전문화된 다양한 기능을 갖추고 있다.

ROV는 일반적인 인간이 할 수 없는 작업을 수행하는 데 사용할 수 있으며, 과학자가 우주에서 탐사선과 착륙선을 사용하는 것과 같은 방식으로 바다에서 사용할 수 있다.

일부 ROV는 광섬유 생명줄을 사용하여 작동한다. 생명줄은 로봇을 모선에 연결하고 제어 센터와 해저 유닛 사이에 정보를 전달한다. 생명줄을 사용하면 ROV의 잠수깊이 기능이 제한될 수 있지만, ROV를 바다에서 쉽게 잃어버리지 않는다는 점에서 안전수준이 높다.

즉, 생명줄이 엉키거나 걸리게 될 때까지 말이다. 예를 들어 Woods Hole Oceanographic Institution (WHOI)의 Autonomous Benthic Explorer의 약자인 'ABE'와 같이 다른 ROV 시스템은 심해에서 생명줄로부터 분리되어, 생명줄 없이도 작동할 수 있다.

원격 조종 잠수정(ROV)을 사용하여 심해를 탐사하고 난파선을 복구하거나 표본을 수집할 때의 장점은 인간의 생명에 위험을 주지 않는다는 것이다. 여기서 인간 요소를 제거하면, ROV를 구축하고 사용하는 것이 더 저렴한 방식이다.

그러나 다수의 해양학자는 수중 로봇의 작업이 인간 두뇌의 반응과 비교할 수 없다고 주장한다. 잠수정의 생명 유지는 구성의 큰 부분이다. 조종사와 승객은 일정한 압력과 쾌적한 온도를 유지하고 통기성 공기를 공급받아야 한다. 승무원이 내쉬는 와 증기를 제거해야 하며 (이는 우주선에서 사용하는 것과 동일한 방법을 사용하여 달성하는 경우가 많음) 가능한 모든 비상 상황에 대비해 비상 시나리오를 마련해야 한다.

James Cameron의 심해 챌린저 잠수정에서 선실은 파일럿의 수증기와 땀을 특수가방에 응축시켜 비상상황에 마실 수 있도록 설계되어 있다.

인간의 심해 탐험

평범한 인간으로서 초능력은 우리의 손이 닿지 않는 곳에 있지만, 때로는 기술을 통해 이러한 힘을 아주 잘 모방할 수 있다. 수중에서 숨을 쉬거나 잠수정을 이용하지 않고 심해를 탐험하는 꿈을 꾸었다면, Iron Man-esque ExoSuit를 살펴보시라.

일반 스쿠버 장비를 사용하면, 다이버는 압력이 인체에 미치는 영향과 긴 감압 스톱으로 인해 활동이 제한된다. 그러나 이 '착용 가능한' 잠수복은 파일럿을 해수면에서 어지러운 305m(1,000ft)까지 상대적으로 편안하게, 그리고 최대 50시간 생명을 유지할 수 있다. 알루미늄 합금으로 제작된, 무게 250kg(550lb)인 이 우주 비행복 스타일 슈트에는 4개의 추진기가 부착되어 있다. 카메라와 비디오 장비가 장착된 ROV와 함께 작동하는 이 슈트는 해양 과학자들이 연구하는 생명체를 파도 아래에서 직접 경험할 수 있도록 한다.

예비 테스트 중인, 혁신적인 ExoSuit의 프로토타입

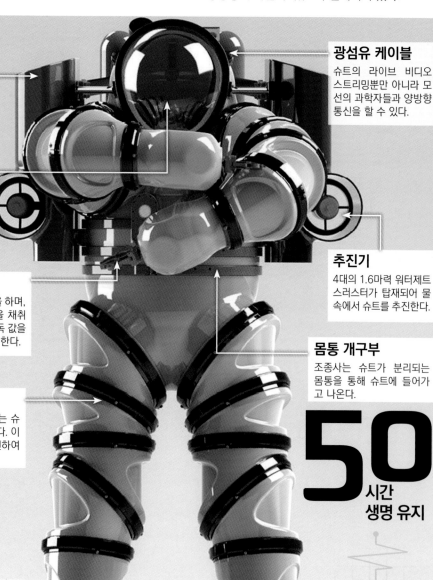

산소 시스템
최대 50시간까지 사용할 수 있는 산소를 슈트에 저장할 수 있어, 여러 번 잠수할 수 있다.

조망 포트
포트는 눈물방울 모양으로 조종사에게 가슴 높이까지의 넓은 시야를 제공한다.

조작기
포획장치 역할을 하며, 조종사가 견본을 채취하고 과학적 판독 값을 얻을 수 있도록 한다.

로터리 조인트
이 관절을 통해 조종사는 슈트를 입고 움직일 수 있다. 이들은 여러 각도로 회전하여 작동한다.

풋 패드
조종사는 발의 압력 감지 패드를 사용하여, 이동 방향과 추진기를 제어할 수 있다.

광섬유 케이블
슈트의 라이브 비디오 스트리밍뿐만 아니라 모선의 과학자들과 양방향 통신을 할 수 있다.

추진기
4대의 1.6마력 워터제트 스러스터가 탑재되어 물 속에서 슈트를 추진한다.

몸통 개구부
조종사는 슈트가 분리되는 몸통을 통해 슈트에 들어가고 나온다.

50
**시간
생명 유지**

수색 및 구조 잠수정

잠수정과 ROV의 가장 큰 용도 중 하나는 인간이 갈 수 없는 곳에서 장시간 작업할 수 있다는 것이다. 이 점이 수색 및 구조장비로 매우 유용한 이유이다. 과거 1966년 Woods Hole Oceanographic Institution 의 DSV(Deep Submergence Vehicle) Alvin은 지중해에서 비행기 추락 사고로 잃어버린 수소폭탄을 찾는 임무를 맡았다. Alvin은 수심 762m(2,500ft)에서 낙하산이 부착된 폭탄을 회수하기까지 두 달 동안 수색했다.

최근에는 실종된 MH370 여객기를 수색할 때 자동 수중 차량(AUV) Bluefin-21을 사용하였다. 2014년 3월 8일 쿠알라룸푸르에서 베이징으로 비행하던 말레이시아 항공 여객기가 레이더에서 사라지고 인도양 남부에 추락한 것으로 추정되었다.

실종된 비행기를 찾기 위해 Bluefin-21은 엄청나게 넓은 수색 영역에 대한 수색 초안을 마련했다.

AUV에는 빛 대신에 반사음파를 사용하여 해저 사진을 만드는 음향 기술인, 사이드-스캔 소나가 장착되어 있다. Bluefin-21은 특정 지역을 검색하도록 프로그래밍하여 해저 50m(164ft) 위를 24시간 동안 스쳐지나가면서 스캔한 후 데이터를 다운로드하고 분석할 수 있다. 그러면 해당 지역의 3D-지도가 생성되고, 추락한 여객기와 관련될 수 있는 잔해가 강조 표시된다.

방대한 영역 850(328) 이상을 스캔했음에도 불구하고 안타깝게도 Bluefin-21은 실종된 항공기를 찾지 못했다.

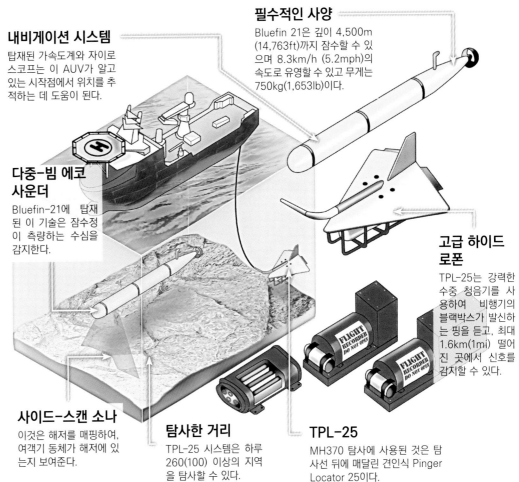

내비게이션 시스템
탑재된 가속도계와 자이로스코프는 이 AUV가 알고 있는 시작점에서 위치를 추적하는 데 도움이 된다.

필수적인 사양
Bluefin 21은 깊이 4,500m (14,763ft)까지 잠수할 수 있으며 8.3km/h (5.2mph)의 속도로 유영할 수 있고 무게는 750kg(1,653lb)이다.

다중-빔 에코 사운더
Bluefin-21에 탑재된 이 기술은 잠수정이 측량하는 수심을 감지한다.

고급 하이드로폰
TPL-25는 강력한 수중 청음기를 사용하여 비행기의 블랙박스가 발신하는 핑을 듣고, 최대 1.6km(1mi) 떨어진 곳에서 신호를 감지할 수 있다.

사이드-스캔 소나
이것은 해저를 매핑하여, 여객기 동체가 해저에 있는지 보여준다.

탐사한 거리
TPL-25 시스템은 하루 260(100) 이상의 지역을 탐사할 수 있다.

TPL-25
MH370 탐사에 사용된 것은 탐사선 뒤에 매달린 견인식 Pinger Locator 25이다.

Bluefin-21의 디자인은 어뢰를 연상시킨다.

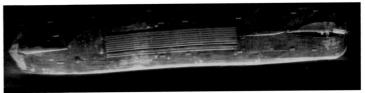

해저 바닥에 좌초된 선체를 보여주는 이미지

다른 유형의 해저 로봇은 프로그래밍된 후 작업을 수행하도록 스스로 가이드 할 수 있다. 이를 AUV 또는 자율 수중 차량이라고 한다. 이런 종류의 미니 잠수정은 AUV가 유인 잠수정보다 훨씬 더 긴 시간 일하고 ROV보다 훨씬 더 깊이 잠수할 수 있으므로 바다의 더 넓은 영역을 스캔하는 데 사용한다.

그러한 장치 중 하나는 WHOI 소유의 Nereus이다. 네로이스는 HROV(H는 하이브리드를 표시)이다. 로봇은 수중 음파 탐지기 매핑 및 카메라 시스템을 사용하여 혼자서 해저를 스캔하도록 프로그래밍할 수 있다. 흥미로운 것을 발견하면, 가벼운 밧줄을 통해 현장으로 되돌아올 수 있으며 모선에 탑승한 과학자의 명령에 따라 추가 샘플링 장치를 장착할 수 있다.

일반적으로 Bluefin Robotics에서 개발한 Bluefin-21과 같은 다른 소형 AUV에도 유사한 방법을 사용한다. 이 AUV는 에코 사운더와 사이드-스캔 소나를 이용하여 최대 24시간 동안 해저를 매핑할 수 있다. 그런 다음 GPS 시스템은 이를 모선으로 보내고 과학자들이 데이터를 분석한다.

관심 가는 것이 발견되면 Bluefin-21은 고해상도 이미지 처리 장비를 탑재하고 정확한 현장으로 되돌아가 과학자들에게 더 자세한 정보를 제공한다. 외부 기능과 함께 잠수정 및 ROV에는 온보드 기타 기술을 많이 필요로 한다.

바다의 가장 깊은 지역은 칠흑같이 검은색이므로 대부분 잠수정과 ROV에는 심해에서 조명을 제공하는 강력한 조명등이 있다. 조명등과 잠수정의 다른 모든 것들은 배터리로 구동된다. 잠수정의 배터리 수명은 상승 및 하강률에 따라 허용되는 '하강 시간'을 정확히 결정한다.

많은 잠수정이 여전히 파워 셀에 납축전지를 사용하지만 리튬 이온 배터리도 많이 사용하고 있다. Alvin의 최신 업그레이드 단계 II는 잠수정의 심해 체류시간을 대폭 개선하기 위해 리튬 이온 배터리를 사용하는 것으로 설정되었다.

일반적인 유인 잠수정에는 온보드 컴퓨터가 있어 데이터를 기록하고 모든 전자 시스템을 모니터링한다. GPS 및 내비게이션 추적시스템, 음파 탐지기, 통신 장치(Cameron의 기록 갱신 서브는 문자 메시지를 보낼 수도 있음)뿐만 아니라 잠수정과 ROV는 선박 외부의 매개변수를 모니터링하고 분석하기 위해 데이터를 실시간으로 전송하는 다양한 센서를 갖추고 있다. 많은 잠수정과 ROV는 수행하도록 설정된 작업에 따라 다양한 종류의 특수장비를 장착할 수 있다.

심해 탐험가의 역사
인간이 도달한 점점 더 깊은 바닷속 이야기에 빠져보라.

❶ **Deepsea Challenger**
10,908m (35,787ft)

❷ **Exosuit**
305m (1,000ft)

❸ **Virgin Oceanic**
11,034m (36,201ft)
(expected)

❹ **SonSub Innovator**
3,000m (9,843ft)

❺ **Alvin**
4,500m (14,764ft)

❼ **Bluefin-21**
4,500m (14,764ft)

❽ **Shinkai 6500**
6,500m (21,325ft)

❾ **Kaiko 7000II**
7,000m (22,966ft)

⓫ **Johnson Sea Link**
914m (3,000ft)

⓬ **Seaeye Lynx ROV**
1,500m (4,921ft)

⓭ **Deep Worker 3000**
1,000m (3,280ft)

⓮ **Magnum Plus**
3,962m (13,000ft)

⓯ **Hercules**
4,000m (13,123ft)

⓰ **Sentry**
6,000m (19,685ft)

⓱ **MIR DSV**
6,000m (19,685ft)

⓲ **Nautile**
10,902m (35,768ft)

챌린저(Challenger)가 심해를 다시 방문

54년이 지나 심연의 마리아나 해구가 두 번째 인간 방문객을 맞이했다. 2012년 3월 26일 James Cameron이 Deep Sea Challenger로 탐

사할 때까지, Piccard와 Walsh의 모험 이후 아무도 방문하지 않았었다. Deep Sea Challenger는 전에 없던 잠수정이다. '자이언트 강낭콩'이라는 별명을 가진 이 잠수정의 아키텍처는 표준 잠수정 디자인의 부피가 큰 입방체에서 벗어나, 길고 얇으며 수직으로 심해까지 내려간다. 잠수정은 궤도를 유지하기 위해 상승과 하강하면서 점

차 회전한다. 조종사는 대형 모델 비행기 배터리로 구동되는 맞춤형 회로 기판을 갖춘 단단한 구형(볼 모양) 조종석 안에 앉아 있다. 외부에는 바닷속을 비추는 거대한 조명등이 있다.

Cameron은 최첨단 표본채취 장치와 함께 고화질 카메라와 비디오 장비로 무장하고 10,908m(35,787ft)까지 내려갔다. Piccard와 Walsh는 자신들의 다이빙을 기록할 수 없었지만, Cameron은 가까운 장래에 영화관을 강타할 Deep Sea Challenger에 관한 장편 다큐멘터리를 촬영했다.

⑤ Deepsearch
5,000m (16,404ft)
(expected)
**①⓪ Deep Flight
Super Falcon Mark II**
120m (394ft)

James Cameron이 마리아나 해구로 내려갈 준비를 하고 있다.

엔지니어들이 이 잠수함을 개발하는 데 7년이 걸렸다.

수륙 양용 머신

혁신적인 엔지니어링의 결과물인 육지, 물, 공중 사이를 이동할 수 있는 최첨단 차량을 살펴보자.

완전한 기능을 갖춘 수륙 양용 차량의 꿈은 이탈리아의 한 왕자가 개조한 육상/수상 4륜마차를 티레니아해(海)로 몰던 1700년대 중반으로 거슬러 올라간다. 자동차를 가장 가까운 호수로 몰고 가고 싶은 묘한 보편적 욕구에도 불구하고 세련된 꼬리지느러미가 달린, 강철 귀염둥이 Amphicar만이 상업적 성공에 근접하여 60년대에 4,500대를 판매했다.

다른 '양서류', 즉 수륙 양용 항공기가 더 큰 성공을 거두었다. 한 쌍의 랜딩–스키드에 견고한 플로트를 추가하여 간단한 수륙 양용 비행기나 헬리콥터를 만들 수 있기 때문이다. 그러나 수륙 양용 육상/수상 차량은 물의 공학적 규칙이 종종 육상의 규칙과 직접적인 충돌을 일으키기 때문에 장애물이 더 많다. 예를 들어, 고속 선박은 항력을 줄이기 위해 수면을 가르고 달려야 한다. 쾌속정 선체의 유체역학

적 모양을 상상해 보라. 이 선체는 보트의 기수를 위로 들어 물 밖으로 들어 올린다. 반면에 스포츠카의 차체는 항력을 줄이고 급회전 시 도로에서 안전하게 회전하기 위해 낮고 평평해야 한다. 그렇다면 물 위에서 서핑하고 육상에서 질주도 할 수 있는 차량의 차체는 어떻게 설계해야 할까?

현대식 수륙 양용 차량은 이전 모델과 비교해 몇 가지 주요 이점이 있다. 예를 들어 Amphicar의 재료는 녹슬고 부식될 뿐만 아니라 바위처럼 무거운 순수 강철이었다.

강철 선체를 물에 떠 있게 하려면 물의 배제체적이 커야 하므로 도로에서 이상하게 보일 정도로 부피가 큰 몸체가 필요하다. 오늘날의 수륙 양용 자동차와 ATV는 플라스틱과 섬유의 강력하고 가벼운 혼합물인 복합재료로 제작한다. 가벼운 몸체는 물에서 더 높이 뜨므로 수면을 가르고 질주하기가 더 쉽다.

기술 사양

Quadski

승무원: 1

길이: 3.2m (10.5ft)

폭: 1.6m (5.2ft)

높이: 1.4m (4.6ft)

무게: 535kg (1,180lb)

육상 최고속도:
72km/h (45mph)

수상 최고속도:
72km/h (45mph)

깁스 스포츠 쿼드스키
육상에서 서핑까지 단 5초 만에 변환하는 쿼드바이크

추진력은 또 다른 큰 장애물이다. 이전의 전동 수륙 양용 차량은 추진을 위해 프로펠러에 의존했다. 프로펠러 블레이드가 도로에서 주행 중 손상을 피하기 위해서는 도로에서 적당히 높아야 하고, 또 작아야 한다. 작은 프로펠러는 추력이 적다. 현대의 양용 차량은 외부에 운동부품이 없는 워터제트 추진 시스템으로 전환했다. 워터제트는 선체 바닥에 있는 구멍을 통해 물을 흡수하고 엔진의 동력을 사용하여 원심 펌프를 돌려 압력을 높인다.

그런 다음 가압된 물을 후방의 노즐을 통해 분사하여 전방으로 추력을 제공한다.

군대는 제2차 세계대전 이후로 수륙 양용 차량의 큰 지원자였다. 상륙정, 병력 이동 차량 또는 지프가 중요한 전략적 역할을 하기 때문이다. 군자금의 지속적인 지원과 공학적 혁신으로 우리가 생각하는 것보다 더 빨리 상업적으로 이용 가능한 수륙 양용 차량을 보게 될 것이다.

쿼드스키(Quadski)는 수륙 양용 트랜스포머로, 버튼을 누르면 ATV에서 제트스키로 변환된다. 퀵-체인지-액트는 휠 중앙에 위치하며 2개의 빠른 서보 모터 덕분에 5초 만에 완전히 들어간다. 육지에서 쿼드스키는 쿼드바이크와 똑같은 모습으로 주행한다. 쿼드스키는 머드 츄잉 트레일 라이딩용으로 BMW의 고성능 레이싱 바이크에 적용된 것과 똑같은 130kW(175hp), 1.3리터 오토바이 엔진을 사용한다. 안전상의 이유로 엔진은 육지에서는 출력을 60kW(80hp)로 제한하며, 최고속도는 72km/h(45mph)이다. 그러나 진정한 마법은 이 가벼운 ATV가 육지에서 물로 들어가는 것을 보는 것이다.

이전의 양용 자동차 개념은 말 그대로 물에서는 아주 느렸다. 그러나 쿼드스키는 제트 추진 시스템으로 물을 펌핑하기 위해 출력 130kW(175hp) 모두를 사용하므로 빠른 속도로 달린다. 유리섬유 선체는 수면에서 높이 뜨므로 쿼드스키는 물에서도 육상 최대속도에 도달할 수 있다.

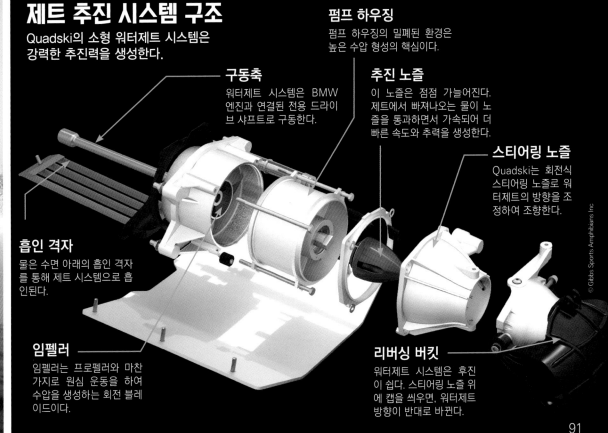

제트 추진 시스템 구조

Quadski의 소형 워터제트 시스템은 강력한 추진력을 생성한다.

펌프 하우징
펌프 하우징의 밀폐된 환경은 높은 수압 형성의 핵심이다.

구동축
워터제트 시스템은 BMW 엔진과 연결된 전용 드라이브 샤프트로 구동한다.

추진 노즐
이 노즐은 점점 가늘어진다. 제트에서 빠져나오는 물이 노즐을 통과하면서 가속되어 더 빠른 속도와 추력을 생성한다.

스티어링 노즐
Quadski는 회전식 스티어링 노즐로 워터제트의 방향을 조정하여 조향한다.

흡인 격자
물은 수면 아래의 흡인 격자를 통해 제트 시스템으로 흡인된다.

임펠러
임펠러는 프로펠러와 마찬가지로 원심 운동을 하여 수압을 생성하는 회전 블레이드이다.

리버싱 버킷
워터제트 시스템은 후진이 쉽다. 스티어링 노즐 위에 캡을 씌우면, 워터제트 방향이 반대로 바뀐다.

도로에서의 속도
지상에서 뒷바퀴는 3대의 전동기 중 하나에 의해 구동되며, 최고속도는 120km/h(75mph)이다.

톱리스
캐빈이 개방형이어서 sQuba는 잠수하기 쉽고, 비상시 안전하게 수영할 수 있다.

숨쉬기 편하다
염수 저항성 실내에는 좌석에 장착된 산소공급장치와 매끄러운 VDO-디스플레이가 있다.

Rinspeed sQuba

제임스 본드 환타지-카의 생환

Rinspeed CEO인 Frank Rinderknecht는 1977년 "나를 사랑한 스파이"를 본 이래로 수중 '비행' 자동차를 꿈꿔왔다. 그는 007의 수영 자동차로부터 sQuba에 대한 직접적인 영감을 얻었다.

Lotus Elise를 개조하여 배터리 구동식 전동기 3대와 산소마스크를 장착한 sQuba는, 알루미늄 차체에 방수가 되어 있어 호수에 들어가면 뜬다.

스위치를 가볍게 치면, 프로펠러 2개와 워터제트 2개가 작동하여 5.9km/h(3.7mph)의 여유로운 수면 순항속도에 도달한다. sQuba가 다이빙하기 위해서는 운전사와 승객이 문과 창문을 열어 객실을 물로 가득 채울 수 있어야 한다. 최대 수심 10m(33ft)에서 주행하려면 운전자는 워터제트를 사용해야 한다. 육상에서는 무공해 sQuba가 0~80km/h(0~50mph)에 5.1초 만에 도달할 수 있으나, 수중 순항속도는 2.9km/h(1.8mph)로 느리다.

제트 추진
sQuba의 기존 뒤 프로펠러를 측면에 부착된 2개의 Seabob 스쿠터 제트가 보완한다.

차다
알루미늄과 유리섬유를 사용한 본체의 무게는 놀랍게도 920kg(2,028lb)으로서 물에 뜨기 위해서는 많은 발포제와 방수가 필요하다.

Dornier Seastar

육지, 바다, 하늘: 이 비행선은 모두를 커버한다.

전통적인 수상 비행기는 뜨개를 장착한 세스너(Cessna) 비행기에 지나지 않는다. 해수에 노출된 금속 수상 비행기는 빠르게 부식되며, 유지 보수가 계속 필요하다. 랜딩기어가 없으면 참치처럼 물에만 있어야 한다. 한편 고속-보트 모양의 Dornier Seastar의 선체는 전적으로 부식 방지 복합재료로 제작하였다. 지상에 착륙할 때는 랜딩기어가 선체에서 내려온다.

넓은 보트 선체는 선실 바로 위에 위치한, 트윈 터보프롭 엔진의 직렬 배열과 함께 선박을 물 위에서 안정적으로 유지한다. 두 프로펠러의 푸시-풀 동작으로 Seastar(최대 12인승)가 760m(2,500ft)를 달려 이륙한 다음에, 최대속도 180노트(333km/h, 207mph)로 비행하는 것을 볼 수 있다. 짧은 이착륙 거리는 Seastar의 중앙 근처에 있는, 두 세트의 곡선형 스폰손(선체에 안정성을 추가하는 측면 돌출부)의 도움을 받는다.

보트 모드
Seastar는 떠다니는 비행기가 아니라 날아가는 보트이므로 V자 모양의 선체로 수면에 낮고 안정적으로 앉아 있다.

비행기처럼
두 세트의 스폰손은 날개 아래에서 선체를 더 넓게 만든다. 스폰손은 SeaStar가 순항할 때 선체를 들어 올리는 수중익선의 역할을 한다.

이륙
선체의 기수가 물 밖으로 나오면 항력이 크게 줄어들어 Seastar는 760m(2,500ft)에서 이륙속도에 도달할 수 있다.

고도 얻기
트윈 터보프롭 엔진의 푸시-풀 구성이 엄청난 추력을 제공하므로 Seastar는 분당 396m(1,300ft)를 상승할 수 있다.

수상 착륙
스폰손은 '물 날개'로 두 배가 된다. Seastar가 수상 착륙할 때 sponsons는 속도를 늦출 수 있을 만큼의 저항력을 생성한다.

기술 사양

Seastar
승무원: 2
날개 폭: 17.6m (58ft)
길이: 12.5m (41ft)
높이: 4.8m (15.9ft)
공차중량:
3,289kg (7,250lb)
최고속도:
333km/h (207mph)
최고고도:
4,572m (15,000ft)

회전 포탑
포수의 포탑은 병사 한 명에게 적합하며 360도 회전할 수 있다.

연막탄 발사기
AAV는 2개의 4튜브 유탄 발사기에서 연막 수류탄을 발사할 수도 있다.

전투 준비
후방 해치는 전투 준비가 된 해병대원을 배치하기 위해 열린다.

무공해
Rinspeed는 Lotus Elise에서 Toyota 엔진을 제거하고, 3대의 전동기와 6개의 충전식 리튬-이온 배터리를 장착하였다

화력
포탑은 0.5구경 기관총과 40mm(1.6인치) 유탄 발사기로 무장되어 있다.

기술 사양

sQuba
승무원: 2
길이: 3.7m (12.4ft)
폭: 1.9m (6.3ft)
높이: 1.1m (3.6ft)
공차중량: 920kg (2,028lb)
육상 최고속도:
120km/h (75mph)
수중 최고속도:
2.9km/h (1.8mph)

차체 방탄
AAV의 용접된 알루미늄 외피는 소형 무기의 총탄에 견딜 수 있도록 장갑되어 있다.

빠른 트랙킹
전천후 트랙은 최대 72km/h (45mph)의 속도로 두꺼운 모래를 통과할 수 있다.

그릴 아가미
sQuba가 수면에 떠 있을 때 운전자는 그릴의 루버를 열어, 물의 흐름을 뒤 프로펠러로 보낼 수 있다.

수륙 양용 전투차량
가장 먼저 상륙하고 가장 먼저 싸우는 차

기술 사양

Amphibious Assault Vehicle
승무원: 3
길이: 7.9m (26ft)
폭: 3.3m (10.8ft)
높이: 3.3m (10.8ft)
공차중량: 29.1 tons
육상 최고속도:
72km/h (45mph)
수중 최고속도:
13.1km/h (8.2mph)

　미국 해병대가 소유한 AAV(수륙 양용 전투차량)는 선박에서 해안으로 병력을 수송하는 차량이자, 완전무장 전투차량이다. AAV의 무게는 30톤에 가까우며 전투준비가 된 마친 해병 21명과 승무원 3명을 태울 수 있다. 수륙 양용 탱크는 돌격함의 해수면 갑판에서 발진하여 2개의 후방 워터제트를 구동, 10노트(18.5km/h, 11.5mph)의 속도로 물을 헤치고 돌진한다. 워터제트는 분당 52,990리터(14,000갤런)의 물을 추진하는 혼합 흐름의 가역 펌프이다. 워터제트 외에도 AAV는 회전하는 트랙에서 약간의 추진력을 얻는다. AAV는 수중에서 낮게 주행하며, 0.5 구경 기관총과 40mm(1.6 인치) 유탄 발사기를 육지와 바다에서 모두 발사할 수 있다. 바다에서 해안으로 원활하게 상륙하고, 내륙으로 480km(300mile)까지 4,535kg (10,000 lbf)의 화물을 운반할 수 있는 충분한 연료를 저장하고 있다.

©US Navy; Dornier; Rinspeed

Supertankers를 알려드림!

이 떠다니는 유전은 자신의 어마어마한 뱃속에 한 국가가 필요로 하는 에너지를 운송한다.

세계는 석유에 목마르다. 우리는 매일 자동차, 트럭, 용광로와 비행기용 휘발유, 경유, 등유, 제트 연료 그리고 오늘 아침 입술에 바른 바셀린을 포함해서 유용한 석유 부산물의 형태로 8천 5백만 배럴의 원유를 소비한다. 8,500만 개의 강철 드럼통을 상상해 보라! 그게 하루에 사용하는 원유량이다. 유럽과 북미는 여전히 가장 큰 석유 소비국이지만, 오늘날 우리의 에너지 중독은 세계적인 현상이다.

러시아와 사우디아라비아의 풍부한 유전에서 미국, 일본 및 그 밖의 지역으로 수백만 배럴의 흑색 금을 운송하는 유일한 방법은 세계에서 가장 큰 선박의 뱃속이다. Supertankers는 우리의 거대한 에너지 식욕을 채우기 위해 초대형화된 유조선이다. 이 떠다니는 가장 거대한 유조선은 갑판 아래 수십 개의 저장탱크

에 3백만 배럴 이상의 원유를 저장, 운반할 수 있다. 이 양은 영국과 스페인이 매일 소비하는 것보다 더 많은 양이다.

1년 동안 수백 척의 초대형 유조선이 전 세계의 바다와 북극해를 가로질러 엄청난 효율성으로 20억 배럴 이상의 원유를 운송한다. 송유관에 이어 두 번째로 거대한 이 선박의 운영비용은 갤런당 미화 2센트 정도이다.

싸다고 말하는 것은 아니다. 새로운 초대형 원유 운반선(ULCC)의 비용은 8,000만 ~ 1억 파운드이다. 이들은 세계 조선의 80% 이상을 처리하는, 한국과 중국의 골리앗 조선소에서 건조된다. 슈퍼 탱커는 메가블록이라고 하는 거대한 조립식 구조물을 서로 용접하여 만든다. 선박은 두 가지 주요 목표 – 선박이 운송할 수 있는 원유의 양을 극대화하고, 목적지까지 안전

하게 운송하는 것-를 염두에 두고 설계한다.

운송능력을 최대화하는 첫 번째 방법은 더 크게 만드는 것이다. 바다를 항해하는 가장 큰 초대형 유조선은 무게가 564,763톤(DWT)인 Seawise Giant였다. 씨와이즈 자이언트를 세운다면, 전 세계 거의 모든 마천루보다 더 높을 것이다. 오늘날의 초대형 유조선은 더 합리적이지만 여전히 거대한 300,000DWT(Tons of Dead Weight; 사하중 톤) 수준이다.

거대한 크기 외에도 초대형 유조선은 거의 전체의 화물칸을 저장탱크로 채워 운송능력을 극대화한다. 현대의 유조선은 실제 드럼통을 사용하지 않는다. 석유는 갑판에 있는 파이프라인 시스템을 통해 해안에서 수십 개의 갑판 아래 저장탱크로 펌핑된다.

더 작은 저장탱크를 많이 사용함으로써 조선회사는 슬로싱의 영향을 최소화한다('슬로시 역학' 본문

위에서 내려다본 유조선의 뱃머리

슬로시(slosh) 역학

엄청난 크기와 무게에도 불구하고 초대형 유조선은 놀라울 정도로 전복에 취약하다. 그 이유는 액체화물이 큰 힘으로 휘둘려 배의 무게 중심을 위험하게 변화시키기 때문이다. 최악의 시나리오는 일부만 채워진 대형 저장탱크이다. 이 '덜 채워진 탱크'의 액체는 배의 갑작스러운 기동이나 강한 파도와 돌풍과 같은 외부의 힘으로 인해 출렁거리고 쏠린다. 액체가 롤과 같은 방향으로 쏠리기 때문에 선박의 피치를 과장하여 자유표면 효과를 일으킨다. 선박이 중심을 잡으려고 할 때 액체는 반대 방향으로 훨씬 더 격렬하게 쏠려 결국 재난으로 이어질 수 있다. 자유표면 효과의 위험을 완화하기 위해 초대형 유조선은 여러 개의 작은 저장탱크를 사용하고 상단까지 꽉 채우거나('압축된' 탱크) 비워 둔다.

참조). 가득 찬 작은 탱크는 해상에서 흔들리거나 무게를 이동시키지 않지만, 반쯤 비어 있는 대형 탱크는 원유가 한쪽으로 쏠려 초대형 유조선까지도 전복시킬 만큼 충분한 힘을 발휘한다. 선박이 목적지에 도착하면 강력한 온보드 펌프가 탱크에서 원유를 퍼내 육상 파이프라인, 저장 시설 또는 더 작은 유조선으로 옮긴다. 안전은 슈퍼탱커의 주요 고려 사항이다.

무엇보다도, 인화성이 높은 액체를 대량으로 운반하고 있다는 점 때문이다. (모든 유조선은 승무원 구역에 커다란 '금연' 표지판이 붙어있다!) 가장 큰 위험은 원유 자체가 아니라 일부만 채워진 탱크에 갇혀있는 원유 증기이다. 그러므로 현대 유조선은 빈 저장탱크를 불활성 가스로 채우는, 자동화된 불활성 가스 시스템을 사용한다.

원유 누출과 유출은 경제적 및 환경적 이유에서 또 다른 큰 문제이다. 1989년 악명 높은 Exxon Valdez 원유 유출 이후, 모든 현대식 유조선은 이중 선체 구조를 갖추어야 한다. 저장탱크를 포함하는 내부 선체는 외부 선체로 보호한다. 이들은 3m(10ft) 간격을 유지한다.

탱커가 가득 차면, 선체와 탱커 사이의 공간을 비워 효과적인 크럼플 존을 형성한다. 유조선이 원유를 하역하면, 공간을 물로 채워 밸러스트 역할을 하게 한다.

온도는 슈퍼 탱커에서 또 다른 심각한 문제이다. 원유 및 기타 연료 제품은 너무 차가워지면 점도가 높아지고 끈적거려서 하역하기가 거의 불가능하다. 초대형 유조선은 거의 얼어붙은 북극해를 통과할 때, 각 저장탱크 아래의 코일을 통해 뜨거운 증기를 공급하여 기름 온도를 원하는 수준으로 유지한다.

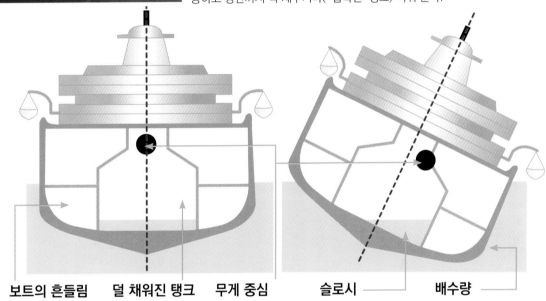

보트의 흔들림
자유 표면 효과는, 더 작고 중심에서 벗어난 탱크를 사용하고 가득 채우면 완화할 수 있다.

덜 채워진 탱크
자유 표면 효과는 액체가 넓은 공간에서 자유롭게 출렁거릴 수 있는, 일부만 채워진 탱크에서 더 크게 나타난다.

무게 중심
큰 힘으로 인해 많은 액체가 한쪽으로 쏠리면 선박의 무게 중심이 바뀌고, 선박이 스스로 무게 중심을 바로 잡을 수 없게 된다.

슬로시
배의 기동이나 외부의 힘이 배를 우측으로 기울이면, 액체는 같은 방향으로 쏠려 롤링이 커진다.

배수량
일반적으로 약간의 롤은 변위된 물의 압력에 의해 상쇄된다. 쏠린 액체는 그 보정력에 반대로 작용한다.

원유는 탄화수소의 혼합물이다.

원유란?

원유는 석유 시추를 통해 땅 밖으로 퍼 올린 가공되지 않은 상태의 기름이다.

원유의 구성은 지하 기름 매장지의 위치에 따라 크게 다르다. 원유의 주성분은 탄소이며 혼합물의 83-87%를 차지한다. 또한 메탄, 에탄, 프로판 및 부탄과 같은 천연가스에 다양한 양의 질소, 산소 및 황이 포함되어 끈적거리는 액체이다.

흑/갈색 원유는 정유소로 운송되어, 정제공정을 거쳐 가솔린, 경유, 등유 및 액체 천연가스와 같은 상품으로 분리된다.

사하중 톤수(DWT)

아르키메데스의 "유레카!" 순간에 따르면, 선박을 물에 띄우면 부력이라는 힘이 선체가 밀어낸 물의 무게와 동일한 힘으로 선체를 위쪽으로 밀어 올린다. 부력은 물보다 밀도가 낮은 물체에서만 작용한다. 초대형 유조선이 뜰 수 있는 원인은 선체 안에 엄청난 양의 공기가 있기 때문이다.

배수량은 무게와 같으므로 선박의 선체에 그려진 Plimsoll 라인에 대해 흘수선의 높이를 측정하여 사중(또는 사하중) 톤수라고 하는 선박의 운송능력을 파악할 수 있다.

초대형 유조선의 구조 해부

이 거대한 선박 중 하나의 분해도를 보면서,
주요 부품을 자세히 살펴보자.

통풍구

가연성 증기가 화물 탱크에 쌓일 수 있으므로, 갑판에 있는 환기 시스템을 통해 배출해야 한다. 통풍구는 원유 증기가 밀폐된 공간으로 방출되지 않도록 한다.

갑판 파이프라인

유조선의 갑판을 따라 고정되어 이어지는 긴 파이프라인은 해안에서 원유 펌핑에 사용한다.

드롭 라인

갑판 파이프라인에서 깊은 저장탱크로 원유를 보내는 수직 파이프라인이다.

이중 선체

저 에너지 충돌 또는 접지로 인한 유출을 방지하기 위해 모든 현대식 유조선은 외부 선체와 내부 선체 사이에 2~3m (6.6~9.8ft)의 충격흡수 구간을 두고 있다.

화물 탱크

초대형 유조선의 거대한 내부는 12개 이상의 저장탱크로 나뉜다. 선박의 중심선을 가로지르는 탱크는 선박을 불안정하게 할 수 있으므로 허용되지 않는다.

배플

각 대형 화물 탱크는 유체화물의 위험한 슬로싱 효과를 최소화하는 일련의 수직 칸막이로 분할된다.

초대형 유조선에서 볼 수 있는 거대한 저장탱크 중 하나

© Science Photo Library

유조선의 타임라인

1860s

풍력 유조선

Elizabeth Watts와 같은 대형 범선은 수백 톤의 원유를 실을 수 있었지만 속도는 아주 느렸다.

1873

최초의 증기 유조선

SS Vaderland는 증기기관으로 구동되는 최초의 유조선으로 여겨진다. 이들은 1843년부터 여러 종류의 배에 등장했다.

1886

프로토타입 현대식 유조선

영국에서 제작한 Gluckauf는 ⬚에 원유를 담는 대신에 대형 ⬚ 저장탱크를 이용한 최초의 ⬚선 중 하나였다.

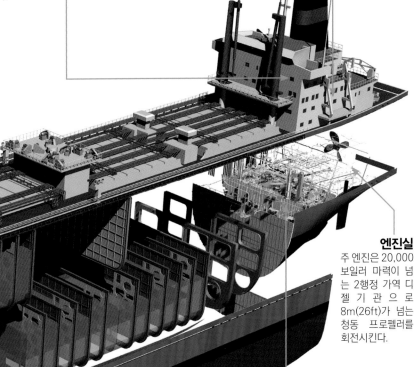

승무원 숙소
슈퍼 탱커는 선장, 임원, 엔지니어, 펌프맨, 요리사, 갑판원 등의 주요 승무원이 한 번에 몇 달 동안 배에 거주한다.

내비게이션과 통신
현대식 초대형 유조선에는 위성 통신 타워, GPS 내비게이션 시스템 및 인근 선박의 신원과 항로를 보여주는 첨단 레이더 스테이션이 장착되어 있다.

엔진실
주 엔진은 20,000 보일러 마력이 넘는 2행정 가역 디젤 기관으로 8m(26ft)가 넘는 청동 프로펠러를 회전시킨다.

© Alex Pang

펌프실
초대형 유조선에는 저유탱크에서 기름을 뽑아내 시간당 4,000입방미터(141,259입방피트)의 속도로 해변으로 펌핑하는 3~4대의 증기동력 원심펌프가 장착되어 있다.

유조선의 분류

유조선은 모두 크기로 분류한다.
각각의 차이점과 슈퍼탱커
자격 취득에 필요한 사항을 설명한다.

중거리 탱커

‹ 44,999 DWT (사하중 톤)

Shell Oil이 개발한 평균 화물 중량평가 시스템에 따르면, 유조선은 운반할 수 있는 최대 사하중 톤(DWT)으로 분류한다. 중급 유조선은 최대 44,999DWT를 싣고 미국-캐나다 국경의 오대호에서 세인트로렌스 강 항로를 따라 대서양까지 갈 수 있는 가장 큰 선박인 Seawaymax 급 유조선을 포함한다.

장거리 탱커 1(LR1)

45,000-79,000 DWT

LR1로 분류된 탱커는 45,000~79,000DWT를 운반할 수 있으며, 이는 슈퍼탱커 규모에서는 작을 수 있지만, LR1 탱커는 장점이 있다. 예를 들어 LR1보다 큰 유조선은 파나마 운하의 좁은 해로를 통과할 수 없으므로 긴 항로를 선택할 수밖에 없다.

장거리 탱커 2(LR2

‹ 160,000 DWT

일부 LR2 탱커는 가장 무거운 LR1보다 2배 더 크며, 최대 운송 중량은 160,000DWT에 이른다. LR2 급에서 소형 유조선은 북해, 흑해 및 카리브해와 같은 얕은 해역의 바다를 항해한다. 가장 큰 LR2는 여전히 수에즈 운하를 통과할 수 있을 만큼 얕게 뜨므로 아프리카의 남단을 도는 긴 항로를 피할 수 있다.

대형 원유 운반선(VLCC)

‹ 319,999 DWT

VLCC급부터는 공식적으로 슈퍼탱커 영역이다. VLCC의 무게는 최대 319,999DWT이다. VLCC는 Malaccamax 선박으로도 알려져 있다. 왜냐하면 그들은 말레이시아와 수마트라 사이의 깊이 25m(82ft)의 항로로, 중동을 출발하여 석유가 부족한 중국으로 가는 말라카해협을 통과할 수 있는 가장 큰 유조선이기 때문이다.

초대형 원유 운반선(ULCC)

‹ 500,000 DWT

이 거대한 선박은 떠다니는 작은 국가와 비슷하며, 최대 운반 능력이 500,000DWT인 슈퍼탱커 세계의 괴물이다. 보통의 ULCC는 영국과 스페인의 일일 에너지 사용량을 합친 것보다 많은 3백만 배럴 이상의 석유를 운송할 수 있다. ULCC 대부분은 운하를 통과하기에는 너무 커서 아프리카와 남미의 남단을 도는 경치 좋은 항로를 항해한다.

지도 상에서

원유 최대 생산국가*

1 러시아
생산량: 9.93백만 배럴/일

2 사우디아라비아
생산량: 9.76백만 배럴/일

3 미국
생산량: 9.14백만 배럴/일

4 이란
생산량: 4.17m백만 배럴/일

5 중국
생산량: 4백만 배럴/일

*자료: US Energy
Information Administration

1903
내연기관 유조선
Alfred Nobel의 형제인 Ludvig와 Robert는 유조선 혁신가였다. Vandal은 3대의 120hp 디젤엔진이 구동하는 최초의 디젤-전기 선박이었다.

1915
전시 급유
USS Maumee는 미국에서 영국까지 긴 대서양 항해에서 구축함에 연료를 보급하는 데 사용된 최초의 대형 유조선이었다.

1958
최초의 초대형 유조선
일본이 제작한 SS Universe Apollo는 100,000톤이 넘는 최초의 유조선이었다.

XSR48 슈퍼 보트

독특한 유리 지붕
3겹 지붕은 폴리머와 유리 혼합물로 만들었다. 실내 온도를 제어하기 위해 착색하고 열은 반사되도록 하였다.

극한 테스트
개발자들은 가장 극한의 바다 조건에서 100mph 이상의 속도로 XSR48을 테스트했다.

안정성
특허받은 STAB 안정화 시스템은 수중익선을 사용하여 불안정한 롤링과 피치를 방지한다.

물 위의 F1
F1 스타일 플라이-바이-와이어-핸드-스로틀, 터치센서를 사용하는 원격 트림-탭 및 헬리콥터 스타일 헤드셋 통신장치가 있다.

세계 최초의 슈퍼 보트는 120만 파운드의 걸작이다. 예상하시겠지만 최고 수준의 엔지니어링만을 적용하여 제작하였다…

XSR48과 같은 쾌속정은 지금까지 없었다. 너무나도 혁신적인 머신이기 때문에 새로운 이름이 필요했는데, 그 이름이 바로 세계 최초의 슈퍼보트이다! 정말 독창적인 제품이다. 두 명의 파워보트 세계 챔피언이 놀라운 엔지니어링 방식을 생각해냈고, 조선술, 유체 역학, 공기 역학, 미학, 인체 공학 및 추진 기술 전문가들이 개발에 참여하였다.

제작사 XSMG는 최고의 요트 설계자와 해양 구조 전문가의 전문 지식을 전수받아 설계를 했다. 이러한 슈퍼보트에는 높은 출력이 필수적인데, XSR48의 트윈 터보 디젤 엔진의 최소 출력은 1,600bhp를 초과한다. 유럽 이외의 국가에도 출력이 2,000bhp가 훨씬 넘는 슈퍼차저 엔진이 있다. 1,000리터 크기의 연료 탱크에는 디젤이 250해리까지 순항할 수 있을 만큼 실려 있다. XSR의 순항 속도는 50노트 이상이며, 이는 시속 90km 이상에 달한다. 이러한 구동은 강화된 ZF 기어박스를 통해 ZF 표면 구동 시스템으로 전달된다. 수면관통형 프로펠러는 Rolla사의 제품이며, 스테인리스 스틸로 제작되었다. 오직 이러한 시스템을 갖춘 슈퍼보트만이 프로펠러가 치명적인 물리력에 노출되어도 견딜 수 있고, XSR는 160km/h를 초과하는 속도로 자사 슈퍼보트를 테스트하여 이를 입증하였다.

이러한 극한의 물리력을 감안할 때, 충격 완화 기술 수준이 모든 좌석에서 표준화되어야만 했다. 승객을 보호하기 위해 다양한 레이싱 스타일 일인용 좌석에 기술이 적용되었으며, 모든 좌석에는 안전을 위해 레이싱 전용 안전벨트(하네스)가 장착되어 있다.

하지만 속도가 전부는 아니다. 이 슈퍼보트는 복합 모노코크 구조를 사용하기 때문에, 추가적인 강도를 이용하여 내부 공간을 더 많이 확보하였고, 내부를 매우 고급스럽게 만들었다. 이 배를 구매하고자 한다면, 예를 들어 탄소 섬유로 만든 습식 스타일의 욕실을 선택할 수도 있다.

인테리어
Rolls-Royce, Bugatti 및 Bentley 에서 근무한 카-디자이너들이 실내 장식 작업을 했다.

인터뷰

Ian Sanderson
XSMG CEO

Jeremy Clarkson이 "인간이 만든 가장 아름다운 슈퍼보트"라고 표현한 XSR48의 아이디어는 XSMG의 CEO인 Ian Sanderson으로부터 나왔다.

그는 10개의 UIM 국제 내구 파워 보트 기록, 2개의 세계 타이틀 및 3개의 유럽 타이틀을 보유한 스피드-보트 마스터이다. "바다의 슈퍼카로 자리매김할 수 있는 F1 자동차형 파워 보트 시장에 큰 격차가 있다고 느꼈습니다. '슈퍼 보트', 그것은 부가티 베이론과 동등한 마린보이가 될 것입니다." 그의 일반적인 의도는 F1 자동차의 기술, 성능 및 운전 경험을 갖춘 파워 보트를 생산하는 것이었다. 이를 위해 그는 완전한 경주형으로, 믿을 수 없을 정도로 인상적인 140mph 로 달릴 수 있는 선체를 기반으로 했다.

> ## "저는 바다의 슈퍼카로 자리매김할 수 있는 F1 타입 파워-보트 시장에 큰 격차가 있다고 느꼈습니다."

Sanderson은 탄소섬유 모노코크 구조가 무게 중심을 낮추고, 엄청난 강도와 내구성을 제공하며, 기존 설계와 비교해 내부 공간을 40% 늘리는 데 사용되었다고 설명한다. 이는 조종석과 실내 공간이 더 크고 연료 탱크가 더 크다는 것을 의미한다. 냉장고 및 에어컨과 같은 더 많은 장비를 장착할 수 있으므로 안락성도 향상된다.

"선체에는 보트 아래에 공기를 유입시켜 물의 마찰에서 벗어나는 데 도움이 되는 3개의 트랜스버스 단계가 있습니다. 각 단계에서 선체의 V자 모양은 뱃머리에서 배꼬리로 갈수록 줄어드는데, 이것은 선체의 뱃머리가 깊고 날카로운 V형이어서, 배가 파도를 뚫고 고속으로 달릴 수 있음을 의미하죠."

선체와 갑판
케블라와 탄소섬유로 제작하였다. 선체와 갑판은 매우 튼튼하고 단단하며 전체 길이의 유리 지붕을 갖추었다.

민첩성
높은 데드-라이즈 선체는 높은 파도의 바다에서도 고속을 달성할 수 있음을 의미한다. XSR48은 한 파도에서 출발해서 다음 파도에 세게 충돌하는 것을 방지한다.

표면 드라이브
XSR48의 매우 빠른 속도는 표면 드라이브가 파워 전달을 위한 최상의 해결책임을 의미한다.

엔진
다양한 엔진을 사용한다. Seatek 820 터보엔진은 6기통, 4밸브 방식으로 직접 분사식이며, 매우 우수한 신뢰도 기록을 자랑한다.

기술 사양

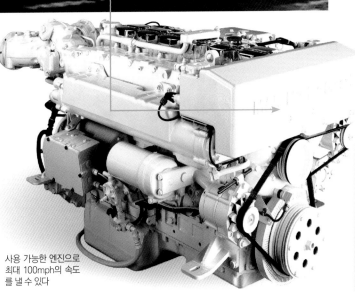

XSR superboat
제작사: XSMG World

가격: 120만 파운드

칫수: 길이: 14.6m, 빔: 3.19m, 전체 높이: 3.1m, 수면으로부터의 높이: 2.2

배제체적: 8,750kg

엔진: Two 10.3 L Seatek 820 Plus Turbo – 603 kW

연료: Diesel, capacity 1,000 litres

최고속도: 70 knots

출력: 1,640bhp (standard), 1,900bhp (max)

사용 가능한 엔진으로 최대 100mph의 속도를 낼 수 있다

99

호버 크래프트

이 놀라운 머신은 어떻게 육지와 바다를 가로지르는가?

호버크래프트가 육지와 물을 횡단하는 능력은 수년 동안 군사 및 관광 부문에서 이용되어 왔다. 한때 차세대 교통수단으로 기대되었으나, 지난 10년 동안 다소 인기가 떨어졌다. 그렇지만 그 유용성은 여전하다.

호버크래프트의 핵심 원리는 선체가 거대한 공기 쿠션 위에 얹혀 있으며, 쿠션은 찢어지지 않고 험한 지형이나 고르지 않은 파도를 가로지르는 유연한 고무로 제자리에 고정되어 있다는 점이다. 이들은 어떻게 작동하는가? 호버크래프트의 중앙에는 공기를 아래쪽으로 발사하는 거대한 팬이 있어 선체를 지상에서 2m(6.5ft) 높이까지 밀어 올린다. 선체 상단의 작은 팬이 공기를 뒤로 밀어내 호버크래프트가 앞으로 나아가게 한다. 러더(Rudder)는 호버크래프트가 방향을 바꿀 수 있도록 수평 공기의 흐름 방향을 바꾼다.

전통적인 호버크래프트는 육지나 바다를 주행할 수 있는 완전한 고무 베이스를 가지고 있으나, 다른 어떤 호버크래프트는 물에만 적합한 형식으로 더 조용한 선박을 목표로 하여 프로펠러 또는 워터제트 엔진을 부착할 수 있는 단단한 면을 가지고 있다.

Hovercraft는 약 50년 전부터 사용하고 있다.

© Andrew Berridge

© Alex Pang

화물
대부분의 현대 호버크라프트는 이 착륙선 에어쿠션(LCAC)과 같이, 차량과 병력을 쉽게 수송할 수 있는 군사 목적에 사용한다.

스커트(덮개)
이 유연하고 팽창 가능한 장벽은 선체 아래에 가압된 공기의 쿠션을 가두는 것 외에도 선체의 높이를 높여 장애물 위로 달릴 수 있도록 한다.

공기 쿠션

공기 저장조
공기가 호버 갭을 통해 빠져나갈 때 더 많은 양력을 제공할 수 있을 때까지 공기를 저장한다.

리프트
플레넘 챔버로 공기를 전달하면 압력이 증가하고 선박이 상승할 수 있다.

기류
공기는 메인 팬에서 호버크라프트의 플레넘 챔버로 보내진다.

플레넘 챔버
선박 아래에 밀폐된 공기 공간을 '플레넘 챔버'라고 하며, 공기 배출을 제어하여 고압 환경을 만들어 제어 가능한 공기의 순환을 일으킨다.

LCAC 호버크래프트 내부

호버크라프트를 떠다닐 수 있게 하는 구성 요소는?

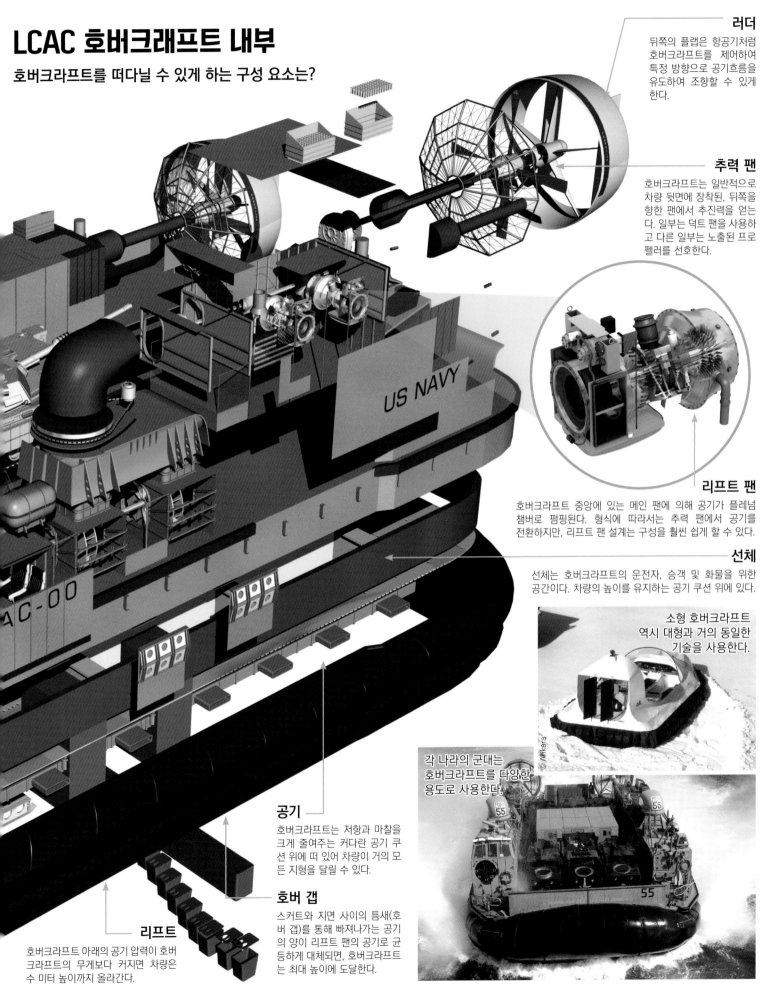

러더
뒤쪽의 플랩은 항공기처럼 호버크라프트를 제어하여 특정 방향으로 공기흐름을 유도하여 조향할 수 있게 한다.

추력 팬
호버크라프트는 일반적으로 차량 뒷면에 장착된, 뒤쪽을 향한 팬에서 추진력을 얻는다. 일부는 덕트 팬을 사용하고 다른 일부는 노출된 프로펠러를 선호한다.

리프트 팬
호버크라프트 중앙에 있는 메인 팬에 의해 공기가 플레넘 챔버로 펌핑된다. 형식에 따라서는 추력 팬에서 공기를 전환하지만, 리프트 팬 설계는 구성을 훨씬 쉽게 할 수 있다.

선체
선체는 호버크라프트의 운전자, 승객 및 화물을 위한 공간이다. 차량의 높이를 유지하는 공기 쿠션 위에 있다.

소형 호버크라프트 역시 대형과 거의 동일한 기술을 사용한다.

각 나라의 군대는 호버크라프트를 다양한 용도로 사용한다.

공기
호버크라프트는 저항과 마찰을 크게 줄여주는 커다란 공기 쿠션 위에 떠 있어 차량이 거의 모든 지형을 달릴 수 있다.

호버 갭
스커트와 지면 사이의 틈새(호버 갭)를 통해 빠져나가는 공기의 양이 리프트 팬의 공기로 균등하게 대체되면, 호버크라프트는 최대 높이에 도달한다.

리프트
호버크라프트 아래의 공기 압력이 호버크라프트의 무게보다 커지면 차량은 수 미터 높이까지 올라간다.

101

HOW IT WORKS

군용(MILITARY)

현대 전쟁의 형태를 결정하는 머신들

134

114

"육지, 바다, 하늘에서
지금 당신을 지켜보고 있는,
세계 최고의 군사 기술을 찾아보라."

104

112

126

116

124

TOP-SECRET

SR-72

하늘의 스파이

하늘을 누비는 정찰기

바로 지금 당신을 지켜보고 있는 극비 군사 기술

1954년 5월 1일 소련의 최신 폭격기인 Myasishchev M-4(별명은 '해머')가 모스크바의 붉은 광장 위로 솟아올랐다. 수소폭탄 실험이 성공적으로 마무리된 지 얼마 되지 않았고, 미국은 제2차 세계대전 동맹국인 소련이 냉전의 적으로 변하는 것을 지켜보았다.

소련 영공에 진입하려던 감시 비행기가 격추됨에 따라 정보 획득은 거의 불가능했다. Lockheed U-2는 완전한 게임-체인저가 되었다. 극비구역 51의 시설로 개발된 이 비행기는 적군 전투기와 미사일이 도달할 수 없는 거리에서 비행장, 군수공장 및 조선소의 상세한 항공사진을 찍으면서 비행할 수 있다. 정보는 힘이며, 이렇게 입수한 사진은 미국에 즉각적인 위협이 없다는 것을 입증하여 치명적인 군비 경쟁과 잠재적인 핵전쟁을 피했다.

역사를 통해 스파이 비행기는 무장하지 않았음에도 불구하고 가장 두려운 항공기가 되었다. 정부와 군대가 배치한 이 하늘의 눈은 국경 순찰과 적진 후방의 정보 수집, 전략적 의사 결정을 위한 전장 모니터링에 이르기까지 다양한 임무에 이용할 수 있다.

필요한 정보를 빠르고 신중하게 확보하는 것이 엔지니어의 핵심 목표이다. 현대의 스파이 비행기는 이를 위해 최첨단 과학과 기술을 사용하지만, 과거의 역사적인 비행기도 놀라운 업적을 달성할 수 있었다. 그러한 예 중 하나가 SR-71 Blackbird이다. 아날로그 시대에 제작되었으며, 1964년 이륙하여 1990년 퇴역할 때까지 정찰 임무를 수행했다.

길이 32m, 날개길이 17m인 이 검은 색의 거대한 야수는 소총 총알보다 빠른 Mach3 - 음속 3배인, 3,700km/h 이상으로 비행할 수 있다. 비행기의 몸체를 따라 날카로운 모서리를 가진, 독특한 곡선 모양은 레이더가 감지할 수 있는 표면이 거의 없으며, 당시의 최고급 촬영 장비를 사용하여 에베레스트 높이 3배의 고도에서 지상 사진을 촬영했다. 일부는 사고로 잃어버렸지만, 적에게 격추되거나 붙잡히지는 않았다.

SR-71을 위해 발명된 많은 기술은 오늘날에도 여전히 사용되고 있다.

SR-72 내부

Blackbird의 후속 모델인 SR-72는 초음속 속도에 도달하기 위해 복합 사이클 추진 시스템을 갖추고 있다.

스크램제트 포스
듀얼 모드 램제트 엔진은 스크램제트(초음속 램제트) 모드로 전환하여 Mach 5에서 Mach 6으로 가속한다. 연소에 초음속 공기를 사용하여 약 7,400km/h의 속도에 도달한다.

복합 사이클
터보제트 엔진은 최적의 성능을 위해 초음속 연소 램제트 엔진과 결합된다.

터보제트
터보제트 엔진은 SR-72를 이륙에서 Mach-3까지 가속하기 위한 초기 추진력을 제공한다.

램제트 포스
그 후에 램제트 엔진이 Mach 3에서 Mach 5까지 항공기를 가속한다.

공통 노즐
터보제트와 램제트/스크램제트 엔진은 공기 흡입구 노즐을 공유하여 항력을 줄인다.

공기 입구
공기는 흡입구를 거쳐 디퓨저로 들어갈 때 압축된다.

연소
공기와 연료는 연소실로 공급되어 점화, 연소한다.

추력
배기 노즐은 팽창하는 뜨거운 공기의 폭발을 가속하여 엄청난 양의 추력을 생성한다.

SR-72는 이전 모델의 2배인 Mach 6의 속도에 도달한다.

"역사를 통틀어 스파이 비행기는 무장하지 않았음에도 불구하고 가장 두려운 항공기가 되었다."

01

제 스파이 비행기의 대부가 은퇴했으므로 Lockheed Martin의 Skunk Works 사업부는 더 빠른 무인 후계자 SR-72(별명은 '블랙 버드의 아들')를 개발하고 있다. 극초음속에 도달하기 위해 하이브리드 시스템 엔진을 사용할 것이며, 항공기는 1시간 안에 한 대륙 전체를 횡단할 수 있을 것이다. 이 속도에서는 공기 마찰만으로도 강철이 녹을 수 있으므로 SR-72는 우주 왕복선과 미사일에 사용하는 것과 비슷한 복합재료로 만들 가능성이 크다. 1,000℃ 이상의 온도를 견딜 수 있어야 하며, 치명적인 공기 누출을 막기 위해 밀봉해야 한다.

이런 종류의 속도로 사진을 찍는 데 필요한 기술도 놀라운 업적이 될 것이다. 항공기 장치의 정확한 구성은 확인되지 않았거나 아직 발명되지 않았을 수도 있다. 우리가 아는 것은 그것이 단지 관찰자가 아니라는 것이다. 이 새로운 무인 비행기는 빈틈없이 무장하여 성층권의 고도 약 24km에서 목표물을 공격하기 위해 폭탄을 발사할 수 있다.

항공역학은 스파이 비행기 기술에서 큰 역할을 한다. SR-72와 같은 항공기는 이러한 고속으로 비행할 때 경험하는 스트레스에 대처할 수 있도록 설계해야 한다. '블랙버드의 아들'은 아음속, 초음속 및 극초음속 비행 사이의 변화에 대처하기 위해, 믿을 수 없을 정도로 균형을 잘 잡아, 양력(lift) 중심의 변화로 인해 비행기가 찢어지지 않도록 해야 한다.

그러나 예를 들어 글로벌호크(Northrup Grumman이 만든 무인 항공기)는 최상위 수준의 스파이 비행기를 상상하는 것과는 다르다.

전면이 부풀어 오르고 꼬리 끝이 약간 뭉툭하지만, 이 놀라운 감시 드론은 전 세계를 날아가 실시간 ISR(첩보, 감시 및 정찰) 데이터를 미 공군 지상기지의 컨트롤러에 전달할 수 있다.

Boeing Poseidon P-8

하늘에 떠 있는 이 수중 사냥꾼은 원치 않는 수중 첩자를 찾기 위해 바다를 스캔한다.

검증된 보잉 737-800 상용 여객기의 차체와 보잉 737-900의 날개를 기반으로 한 포세이돈 P-8은 고급 해상 순찰 및 정찰 항공기이다. 모든 종류의 작업별 기술을 특징으로 하는 P-8은 항공모함에 위협이 될 수 있는 잠수함을 찾기 위해 바다 위를 빠르고 낮게 비행할 수 있다.

6개의 추가 차체 연료탱크가 잠수함을 찾기 위해 비행기의 비행 범위를 확장한다. 포세이돈 P-8 모델의 일부 변형은 레이더, 자기 이상 탐지기와 전자 지능센서를 사용하여 통신 및 적외선 이미징을 감시하여 전송할 수 있다. 또한 소모성 자동 전파 발신 부표를 배치하여 현장에서 위성 센서 임무를 수행할 수 있다.

하지만 이것이 이 스파이 비행기가 할 수 있는 전부는 아니다. 동체가 강화된 포세이돈은 또한 무기고에 미사일, 지뢰 또는 어뢰를 장착하여 필요할 경우, 적군 잠수함을 조준, 발사 및 파괴할 준비를 하고 있다.

무기 칸
비행기의 뱃속에는 Mk54 뢰와 지뢰를 위한 5개의 이션이 있다.

재급유
이 포트로 공중 급유가 가능하며, 싱글 탱크가 제공하는 비행범위 이상으로 비행영역을 확장한다.

SR-71은 승무원이 2명이었으나, 후계자는 무인일 가능성이 크다.

엔진
2대의 강력하고 연료 효율적인 CFM56-7B 터보팬 엔진은 최대 907km/h의 속도를 발휘한다.

워크스테이션
각 스테이션에서 모든 센서를 제어할 수 있는 고해상도 워크스테이션은 선박의 레이더와 함께 원활하게 작동한다.

다중 모드 레이더
레이더는 수상 선박 및 기타 항공기를 감지하여 모든 기상 조건에서 초고해상도 이미지를 생성한다.

953

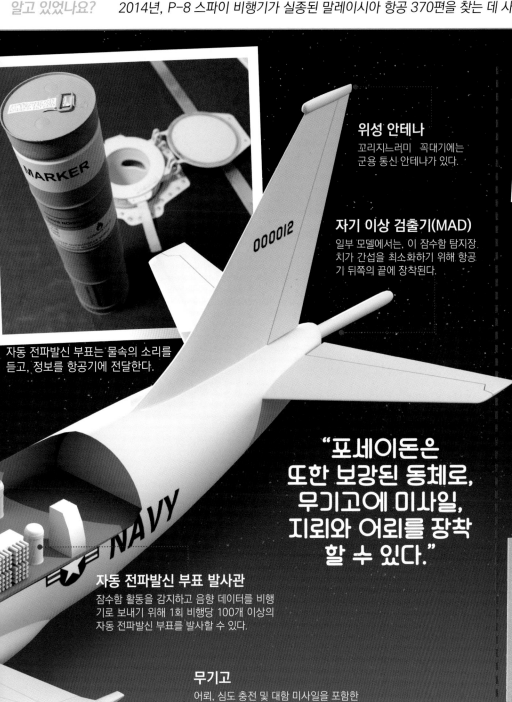

스파이 비행기 탐지의 모든 발전에는, 잠수함 회피에 대한 발전도 있다.

위성 안테나
꼬리지느러미 꼭대기에는 군용 통신 안테나가 있다.

자기 이상 검출기(MAD)
일부 모델에서는, 이 잠수함 탐지장치가 간섭을 최소화하기 위해 항공기 뒤쪽의 끝에 장착된다.

자동 전파발신 부표는 물속의 소리를 듣고, 정보를 항공기에 전달한다.

"포세이돈은 또한 보강된 동체로, 무기고에 미사일, 지뢰와 어뢰를 장착할 수 있다."

자동 전파발신 부표 발사관
잠수함 활동을 감지하고 음향 데이터를 비행기로 보내기 위해 1회 비행당 100개 이상의 자동 전파발신 부표를 발사할 수 있다.

무기고
어뢰, 심도 충전 및 대함 미사일을 포함한 다양한 무기를 장착할 수 있다.

스텔스 잠수함

특징이 없는 바다에 있는 거대한 금속 튜브의 경우 숨을 곳이 없다고 쉽게 생각할 수 있다. 그러나 다시 한번 기술이 도움을 주고 있다: 일부 항공기가 자기 이상 탐지기를 사용하여 자기적 특징을 찾는 경우, 잠수함은 감지를 회피하기 위해 '자기 제거' 기술을 사용한다. 이때 전자석을 사용하여 배경 필드와 일치하는 또 다른 자기장을 생성하여 특징을 감지할 수 없게 만드는 것이다.

또 다른 스텔스 방법은 음파를 편향시키는 기술이다. 코팅 재료는 잠수함에 부딪히는 음파를 변경하여 다시 반사되지 않도록 한다. 개발 중인 이러한 소재에는 오리 등의 물처럼 잠수함에서 음파를 뿜어내는 물질과, 소리를 흡수하고 분산시키는 아주 작은 버블랩(비닐 포장재)처럼 보이는 소재가 포함된다.

소리는 잠수함 감지의 큰 부분이므로 발견되는 것을 피하는 주요 방법의 하나는 소음을 줄이는 것이다. 잠수함의 모든 기계는 선박의 전반적인 소음을 최소화하기 위해, 음향 및 진동 감식 버퍼에 설치된다.

감지
MAD는 자력계를 사용하여 지구의 자기장을 감지한다.

찌그러뜨림
잠수함과 같은 대형 금속 구조물은 자기장을 찌그러뜨린다.

어뢰는 폭발하기 전에 수중 목표물을 향해 스스로 돌진한다.

위치 확인
MAD는 왜곡을 감지하여 잠수함의 위치를 알아낸다.

107

감시 전략

스파이 비행기가 상공에서 이동 통신 신호를 찾고, 추적하는 방법

1. dirtbox 작동

비행기에는 종종 디지털 수신기 기술의 첫글자 DRT를 따서 dirtboxes라고 하는 기술이 장착되어 있다. 이들은 통신 타워의 작업을 모방하여 휴대폰을 속여 고유한 등록 데이터를 dirtbox 장치로 전송한다.

2. 스캔 및 확정하기

dirtbox는 의도한 휴대폰을 찾기 전에 수천 대의 휴대폰을 스캔할 수 있다. 용의자 휴대폰의 위치를 파악하고 확정하면, DRT는 다른 휴대폰은 모두 무시하고 정보 수집에 집중한다.

무인 항공기는 스파이 비행기의 발전에 많은 이점을 제공한다. 우선, 엔지니어는 인간의 생명을 보호하는 조종석을 만들 필요가 없다. 하늘 곳곳을 누비며 작동하는 이런 괴물 기계를 만들면, 돈, 시간 및 공간 절약은 보너스이다. 스파이 드론을 대신 사용하는 또 다른 이점은 온보드 파일럿이 있는 비행기보다 임무를 더 오래 계속할 수 있다는 점이다.

많은 드론은 또한 본부와의 연락이 끊긴 경우에도 해당 임무를 수행하도록 미리 프로그래밍할 수 있다.

항공 정찰에서 잔물결을 일으키는 스파이 드론 중 하나는 Northrop Grumman의 RQ-180이다. 이 로봇이 존재한다는 사실과, 이 스텔스 드론이 중무장한 적국을 감시하기 위해 방어된 공역에서 비행하도록 설계되었다는 사실을 제외하고는 알려진 것이 거의 없다. 레이더 탐지를 회피하기 위해 이 드론은 '연'과 '비행하는' 날개 형상이 융합된 '야릇한 연' 모양으로 설계할 수 있다. 두툼하고 각진 모양은 다가오는 레이더 파동을 산란하도록 설계되어 있으므로, 드론은 위치를 추적당하지 않고 계속 비행할 수 있다.

항공기의 모양뿐만 아니라 레이더 흡수재료를 사용하여 눈에 잘 띄지 않게 할 수도 있다. 탐색

Global Hawk 감시 드론은 이라크와 아프가니스탄 전투에 사용되었다.

"dirtbox는 의도한 목표를 확인하기 전에 수천 대의 휴대폰을 스캔할 수 있다."

3. 위치 포착

비행기는 문제의 휴대폰에서 명확한 신호를 받기 위해 최적의 위치로 이동한다. 사용자의 신호 강도와 지리적 위치를 감지하고 휴대 전화 소유자에 대한 식별 정보를 얻을 수 있다.

4. 건물 안까지

휴대 전화 신호에서 얻은 이 정보를 사용하여 용의자의 위치를 3m 이내로 정확히 파악할 수 있다. dirtbox는 건물의 특정 방까지 사람을 추적하는 데도 이용할 수 있다.

믿기 어려운 스파이 비행기

세스나(Cessna)는 비행을 즐기는 조종사가 오후 비행을 위해 타고 나가는 경비행기를 만드는 것으로 유명한 회사이다. 그러나 2015년 인터넷에는 FBI가 정체를 확인할 수 없는, 이 민간 항공기 중 일부에 첨단 감시 장치를 장착했다는 보도가 폭증했다.

Cessna 182 'Skylane'은 주요 업그레이드 후에 FBI의 수사력을 가지게 된 항공기 중 하나이다. 열화상 및 적외선 카메라, 야간 투시경 기술 및 휴대폰 인터셉터는 몇 가지 추가 기능에 불과하다. 이러한 기능은 FBI가 특정 개인을 대상으로 진행 중인 조사를 하고, 법 집행을 지원하는 데 도움이 된다.

이 수수하고 작은 비행기는 또한 미 공군이 고급기술을 제공하고 변신시켜, 군사훈련에 사용하고 있다. 이 비행기는 Predator 무인 항공기를 모방하는 데 필요한 모든 첩보, 감시 및 정찰 센서를 갖추고 있다.

싱글 엔진 Cessna 182 Skylane 비행기는 눈에 잘 띄지 않는 감시를 위한 탁월한 선택임을 입증한다.

스파이 비행기는 엄청난 고도에 도달할 수 있다

레이더의 파동이 이를 때리면 이러한 코팅은 파동을 편향시켜 다른 방향으로 보내거나 편향된 파동이 들어오는 파동을 상쇄하는 방식으로 파동을 보낼 수 있다. 이것은 실제로 비행기를 발견할 수 없게 한다.

스파이 비행기가 스텔스, 속도 및 힘은 모두 매우 좋으나 적절한 유효탑재량(payload)을 운반할 수 없다면, 그 가치가 없다.

일반 군용항공기를 디지털 감각 인식의 허브로 바꾸기 위해 장착, 내장, 추가 또는 업그레이드할 수 있는 수많은 장치와 기즈모(gizmos)가 있다. 예를 들어, 레이더와 소나는 물체에서 반사되는 전파와 음파(개별적으로)를 사용하여 위치를 정확히 파악한다.

정찰 항공기는 종종 최고 수준의 줌과 디지털 비디오 스트리밍 및 녹화 기능을 갖춘 고해상도 이미징 장비를 휴대한다. 열화상 및 적외선 센서는 수많은 통신 인터셉터, 음향 모니터링 및 기타 국가들에서 청취할 수 있는 기타 여러 수단과 함께, 또 다른 상비 화물이다. 데이터는 고속 실시간 링크를 통해 온보드 또는 지상의 분석전문가에게 전달되므로 수집된 첩보를 유리하게 사용할 수 있다.

미래의 ISR 임무에는 자동화된 기능의 이점과 함께 빠른 속도, 힘과 고도가 포함되는 것 같다. 록히드의 U-2 드래곤 레이디와 같은 옛 일꾼들을 퇴역시킬 계획은 아직은 없지만, 더 빠르고, 더 비싸고, 더 다기능인 스파이 비행기 계획에 대한 소문이 돌고 있다.

이러한 개념 중 하나는 TR-X이다. Lockheed가 캘리포니아에 있는 유명한 Skunk Works 스파이 비행기 제작 스테이션에서 만드는 또 다른 발명품이다. 아직은 초기 계획 단계이지만 록히드는 이 스파이 비행기가 오늘날 하늘에 있는 다른 모든 위대한 스파이 비행기 중에서 가장 멋진 비행기로서 2030년까지 배치할 수 있는, 하나의 메가 비행기가 될 것이라고 한다. 당신은 하늘을 바라보지만, 아마도 그 비행기가 비행하는 것은 결코 찾아볼 수 없을 것이다.

록히드 U-2 정찰기는 세계 최고의 스파이 비행기 중 하나이다.

Lockheed U-2 조종석은 조종사에게 정보를 제공하고 지원하도록 설계된 첨단 기능으로 가득 차 있다.

날개길이
끝에서 끝까지 31.4m인 U-2의 날개 길이는 높은 고도에서 임무를 수행할 수 있도록 완벽하게 조정되었다.

착륙장치
바퀴는 앞/뒤에 있고, 이 비행기는 윙팁 하나가 땅을 스크래핑하며 정지한다.

조종실 압력
고소병을 예방하기 위해 2013년 조종실 압력을 8,840m(에베레스트에 가까운 높이)에서의 기압에서 4,570m의 기압으로 조정하였다.

유효 탑재량
이러한 높은 고도에서도 항공기는 센서와 기타 임무 장비 총 2,270kg을 운반할 수 있다.

록히드 U-2

철의 장막을 들여다보던 비행기는 여전히 강하다.

U-2 조종사는 높은 고도를 비행할 때 자신을 보호하기 위해 가압 우주복을 착용한다.

미 공군이 '드래곤 레이디'라는 이름을 붙인 U-2는 엔지니어 Clarence 'Kelly' Johnson의 아이디어로 단 9개월 만에 설계에서 시험비행으로 넘어갔다. 날씬한 동체와 긴 날개길이는 21km 이상의 고도에서 4,800km 이상의 거리를 비행할 수 있다.

차세대 U-2 제품군인 U-2S는 1980년대에 제작되었으며 2050년 이후에도 운영할 예정이다.

이 비행기에는 주야간, 전천후로 자료를 수집할 수 있는 최첨단 센서 시스템이 장착되어 있다. 첩보는 초고속 디지털 링크를 통하여 분석 및 활용을 위해 실시간으로 전송된다.

오늘날 U-2의 임무 중 일부는 다양한 센서를 갖추고, NASA를 위해 대기 테스트를 수행하는 것이다. U-2는 또한 이라크와 아프가니스탄 상공을 순찰하면서 반란군의 통신을 가로채고, 놀라운 영상 센서를 사용하여 지상의 작은 교란을 감지하고, 폭발장치와 지뢰가 있음을 아군에게 알린다.

센서와 디스플레이

전기-광학/적외선 센서는 조종석에 데이터를 공급, 조종사에게 정보를 명확하게 제공한다.

고도 상승

U-2는 이륙 약 20분 후에 15,240m, 1시간 이내에 19,812m 까지 올라갈 수 있다.

"차세대 U-2 제품군인 U-2S는 1980년대에 제작되었으며, 2050년 이후에도 운영될 것으로 예상된다."

안전 자동차

U-2를 착륙시키는 것은 매우 까다로워, 안전 자동차로부터 다른 조종사의 무선 지시가 필요하다.

NASA는 U-2를 사용하여 대기 자료를 수집한다.

© WIKI; Alamy / Illustration by Alex Pang

111

비행기는 볼 수 없지만, 폭탄은 보일 것이다.

복합재료
모든 레이더파의 반사는 사용된 복합재료에 의해 감소되어, 모든 신호를 더욱 편향시킨다.

승무원 구획
B-2는 조종사 1명, 임무 사관 1명 등 2명의 승무원, 그리고 필요한 경우 제3의 승무원용 공간을 갖추고 있다.

플라이-바이-와이어
B-2의 독특한 모양이 비행기를 불안정하게 만들므로, 컴퓨터를 사용하여 안정시키고 비행을 유지한다.

윈도우
B-2의 창문에는 레이더를 산란하도록 설계된 미세한 철망이 내장되어 있다.

스텔스 폭격기

B-2는 외관과 디자인 측면에서 탁월하다.

공기 흡입구
B2의 시그니처를 더 줄이기 위해 엔진 흡입구가 본체 안에 숨어 있다.

'하늘을 나는 새의 날개' 모양의 스텔스 폭격기는 가능한 한 보이지 않게 특별히 설계된 독특한 항공기이다. 그 모양은 레이더파를 반사하는 앞쪽 면이 거의 없음을 의미하므로 레이더파 반사 면적이 감소한다. 이는 항공기에 사용되는 복합재료와 표면 코팅으로 더욱 향상된다. 이 방법은 매우 성공적이어서 날개길이가 172피트인데도 B-2의 레이더 반사 면적은 0.1 불과하다.

B-2의 스텔스 능력과 공기역학적 형태는 엔진이 날개 안에 감춰져 있다는 사실로 더욱 강화되었다. 이는 엔진 전면의 인덕션 팬이 숨겨져 있어서, 배기 신호가 최소화되는 것을 의미한다.

결과적으로 B-2의 열 신호가 최소한으로 유지되어 열 센서가 폭격기를 감지하고, 항공기의 음향 흔적을 추적하는 것은 매우 어렵다.

이 디자인은 또한 B-2가 매우 공기역학적이며 연료 효율이 높다는 것을 의미한다. B-2의 최대 항속거리는 6,000해리이며 그 결과 항공기는 종종 장거리 임무에 사용되었고 일부는 30시간, 어느 경우에는 50시간 비행한다. B-2는 고도로 자동화되어 있어서 다른 승무원이 잠을 자거나, 화장실을 사용하거나, 따뜻한 식사를 준비하는 동안 단 1명의 승무원이 비행할 수 있다. 이러한 항속거리와 다기능성의 조합은 항공기가 장거리 임무에서 승무원의 능률을 개선하기 위해 수면주기를 연구하는 데 사용되었음을 의미한다.

그런데도 항공기의 성공에는 막대한 가격표가 뒤따른다. B-2의 가격은 1대당 70억 3,700만 달러이며 스텔스 재료가 손상되지 않고 기능적으로 유지되도록 하려면 온도 조절식 실내 격납고에 보관해야 한다. 이러한 문제는 제쳐두고 스피릿(Spirit)은 정말 놀라운 항공기여서, 가능성이 있더라도 조종사가 보여주기를 원하지 않는 한, 우리는 볼 수 없을 것이다.

누구도 찾아낼 수 없는 술래

유령의 작품: 스피릿(Spirit) 내부

B-2는 복잡함과 우아함의 특이한 조합으로, 전체 기체는 스텔스 개념을 중심으로 구축되었으며, 기체를 최대한 탐지하기 어렵게 만드는 데 중점을 둔다.

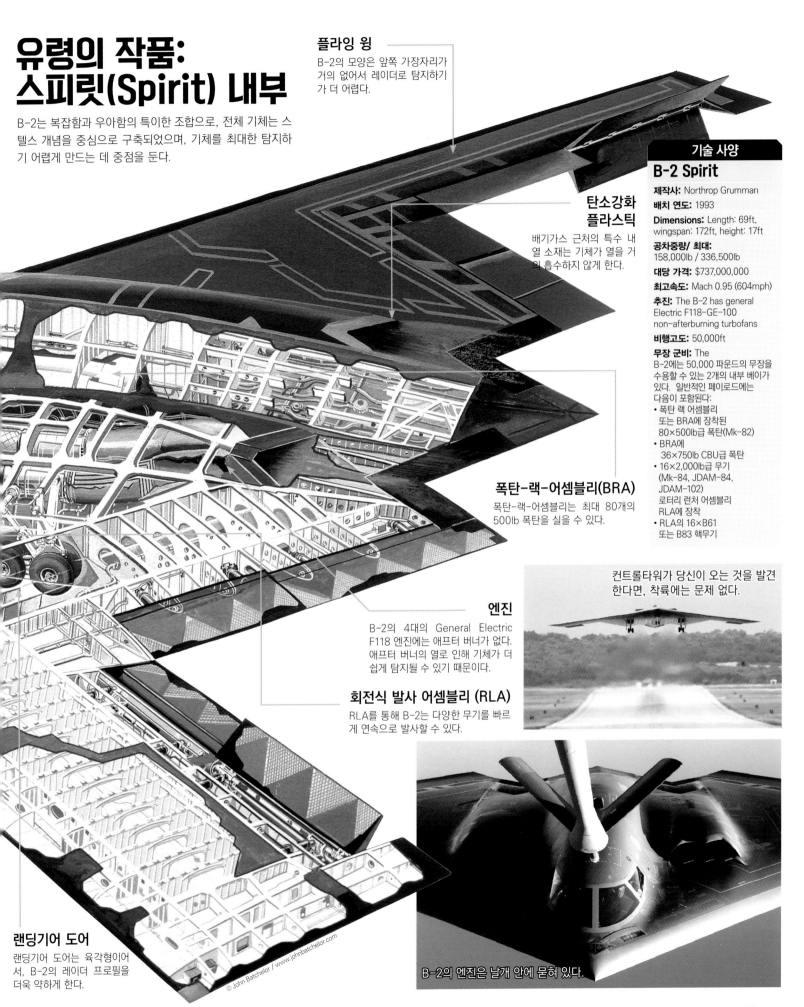

플라잉 윙
B-2의 모양은 앞쪽 가장자리가 거의 없어서 레이더로 탐지하기가 더 어렵다.

탄소강화 플라스틱
배기가스 근처의 특수 내열 소재는 기체가 열을 거의 흡수하지 않게 한다.

폭탄-랙-어셈블리(BRA)
폭탄-랙-어셈블리는 최대 80개의 500lb 폭탄을 실을 수 있다.

엔진
B-2의 4대의 General Electric F118 엔진에는 애프터 버너가 없다. 애프터 버너의 열로 인해 기체가 더 쉽게 탐지될 수 있기 때문이다.

회전식 발사 어셈블리 (RLA)
RLA를 통해 B-2는 다양한 무기를 빠르게 연속으로 발사할 수 있다.

랜딩기어 도어
랜딩기어 도어는 육각형이어서, B-2의 레이더 프로필을 더욱 약하게 한다.

© John Batchelor / www.johnbatchelor.com

기술 사양
B-2 Spirit

제작사: Northrop Grumman

배치 연도: 1993

Dimensions: Length: 69ft, wingspan: 172ft, height: 17ft

공차중량/ 최대: 158,000lb / 336,500lb

대당 가격: $737,000,000

최고속도: Mach 0.95 (604mph)

추진: The B-2 has general Electric F118-GE-100 non-afterburning turbofans

비행고도: 50,000ft

무장 군비: The B-2에는 50,000 파운드의 무장을 수용할 수 있는 2개의 내부 베이가 있다. 일반적인 페이로드에는 다음이 포함된다.
- 폭탄 랙 어셈블리 또는 BRA에 장착된 80×500lb급 폭탄(Mk-82)
- BRA에 36×750lb CBU급 폭탄
- 16×2,000lb급 무기 (Mk-84, JDAM-84, JDAM-102) 로터리 런처 어셈블리 RLA에 장착
- RLA의 16×B61 또는 B83 핵무기

컨트롤타워가 당신이 오는 것을 발견한다면, 착륙에는 문제 없다.

B-2의 엔진은 날개 안에 묻혀 있다.

113

F-14 톰캣

지금까지 제작된 가장 상징적인 전투기 중 하나인
F-14 톰캣(Tomcat)은 수십 년 동안 현대 전쟁을 지배하며
광범위한 공중전에서 뛰어난 성능을 발휘한다.

Grumman Corporation이 제작한 F-14 톰캣은 소련 항공기와 미사일에 대항하여 장거리에서 미 해군의 항공모함 작전을 보호하기 위해 설계되었으며, 수십 년 동안 군사 역사와 대중의 의식 안에서 견고해졌다. 베트남, 걸프, 이라크 전쟁에서의 임무를 포함하여, 수많은 유명한 작전으로 유명해진다. 80년대 고전영화인 탑건에서 광범위하게 사용된 F-14는 명성, 첨단기술 및 역동적이고 공격적인 비행 성능의 대명사였다.

이 명성은 차세대 다용도 설계에서 비롯되었으며 장거리 해군 요격기와 공중 특급 전투기로 활용되어 모든 공중전에서 싸울 수 있다. 핵심은 F-14의 가변 기하학 날개로, 작업의 특성에 따라 날개 위치를 20도에서 68도 사이에서 변경할 수 있는 스위핑 시스템이었다. F-14가 매우 쉽게 날 수 있는 고속에서는 날개가 뒤로 휩쓸리는 반면, 저속에서 장거리 순찰 임무를 수행할 때는 날개를 완전히 펴서 양력 대 저항의 비율을 극대화할 수 있으며, 연료 효율을 개선한다.

비행 중에는 2대의 Pratt & Whitney TF30 터보팬으로 동력을 공급한다. 제트 엔진은 애프터 버너를 사용하여 27,800파운드의 엄청난 추력을 전달할 수 있다. 이로 인해 F-14의 최고속도는 음속의 2배 이상으로 1,544mph(2,484kph)이며, 초당 229m(751ft)의 빠른 상승 속도와 전체 추력 대 중량 비율은 0.91이었다.

그러나 F-14의 다목적 항공기 설계 개요로 인해 TF30은 큰 추력을 제공할 수 있을 뿐만 아니라 저속으로 순항할 때 연비를 극대화하도록 설계되었다. 톰캣은 또한 CADC(Central Air Data Computer) 및 Hughes AWG-9 X-band 디지털 레이더에서 입증된 것처럼 비행 및 내비게이션을 지원하기 위해 수많은 고급 전자시스템을 채택한 것으로 유명하다. 전자는 MOS 기

반 LSI 칩셋인 MP944(최초의 마이크로프로세서 설계 중 하나)를 사용했으며 기본 비행 시스템, 날개 스위프와 플랩을 자동으로 제어할 수 있었고, 후자는 수백 마일 떨어진 목표물을 모니터링하고 추적할 수 있는 차세대 검색 및 추적 모드를 제공했다.

적의 표적을 발견하면 F-14는 공중전의 모든 측면에 대응할 수 있는 능력을 갖추었다. 미사일에는 장거리 공대공 미사일 시스템인 강력한 AIM-54 Phoenix와 단거리 및 중거리 표적을 처리하기 위한 AIM-9 Sidewinder 및 AIM-Sparrow III 시스템을 갖추었다. JDAM 정밀 유도 탄약, Paveway 시리즈 레이저 유도 폭탄, 10개의 하드 포인트 중 하나에 장착할 수 있는 20개의 일련의 맹목 폭탄인 MK20과 MK 80 그리고 공대지 옵션도 부족하지 않았다 (F-14는 폭격기로 사용기간 후반에 채택됨). 마지막으로 F-14에는 매 60초마다 6,000발 이상의 20mm 탄을 발사할 수 있는 시스템인, 격렬한 M61 Vulcan 6연장 개틀링 캐논을 장착하였다.

장거리 임무를 위해 날개를 완전히 펼칠 수 있다.

항공 전자

기수에서 Hughes AWG-9 X-밴드 레이더를 작동하면, F-14가 최대 193km(120mile) 떨어진 곳에서 동시에 최대 24개의 표적을 추적할 수 있었다. 다중 추적 프로그램을 사용하여 144km(90mile)까지 표적을 발견, 자동으로 추적할 수 있다.

동체

F-14 동체의 특징은 '팬케이크'라고 불리는 엔진 나셀 사이의 넓은 편평한 영역이었다. 이 영역은 F-14의 전체 공기역학적 양력 표면의 절반 이상을 제공하고, 연료 탱크, 비행 제어 장치와 윙-스윕 메커니즘이 들어있다.

"음 여러분, 이제 이륙하려고 합니다…"

엔지니어가 F-14의 TF30 터보팬 중 하나에서 작업하고 있다.

착륙장치

착륙장치는 항공모함 운용에 필수인, 가혹한 이착륙에 견딜 수 있도록 견고하게 제작되었다.

동력원

날개 아래에 2개의 직사각형 공기 흡입구가 있는 F-14는, 2대의 Pratt & Whitney TF30 터보팬으로 구동한다. 엔진은 순항할 때 연료 효율이 높아 장거리 순찰과 작전을 할 수 있도록 설계하였다.

날개

F-14의 날개는 20도에서 68도 사이에서 각도를 변경할 수 있다. 이를 통해 항공기는 비행 속도에 따라 최적의 양력 대 항력 비율로 계속 비행할 수 있다. 날개 각도는 자동 또는 수동으로 제어할 수 있다.

표면

날개는 상자, 피벗 그리고 티타늄으로 만든, 상부/하부 표면의 2개의 스파 구조이다.

© John Batchelor/ www.johnbatchelor.com

수직 상승 중인 F-14

군비

F-14의 표준 배치구조에는 단일 장거리 공대공 AIM-54 Phoenix, 2기의 단거리 공대공 AIM-9 사이드 와인더, 2기의 공대공 AIM-7 Sparrow III 및 1분당 6,000발을 발사할 수 있는 M61 Vulcan 기관포가 포함되어 있다.

걸프전에서 이라크 상공을 비행하는 F-14

All photographs ©US Navy

엄청난 M61 Vulcan 기관포

무장된 위협

공격용 헬리콥터

상공에서 적을 제거하는 치명적인 무장 헬리콥터ABOVE

AH-64 Apache는 가장 상징적이고 성공적인 공격 헬리콥터 중 하나이다.

"냉전이 확대됨에 따라 다양하고 새로운 공격 헬기가 제작되었다."

V-280 Valor는 공격 헬리콥터를 그 어느 때보다 빠르고 강력하게 만들려고 한다.

현대의 공격 헬리콥터는 완벽한 군용장비이다. 첨단기술로 가득 찬 조종석과 미사일로 무장하고, 티타늄 블레이드로 공기를 가른다. 이들은 하늘의 진정한 공포이다. 탱크에 최악의 악몽인 공격 헬리콥터의 등장은 전장에 혁명을 일으켰다.

회전익 군용기의 아이디어는 제2차 세계대전 초기에 처음으로 떠올랐지만 1942년이 되어서야 성과가 나타났다. 그해 미국국방부는 새로운 아이디어를 제안했다. 이 팀은 '유기적 군항공'이라고 불렸고, 항공대와는 별도로 헬리콥터 개발을 맡았다. 혁신적인 Sikorsky R-4를 포함한 다양하고 새로운 디자인이 만들어졌지만, 헬리콥터가 실제로 이륙한 것은 한국전쟁에서 이뤄졌다. 이제 보병과 화물을 신속하게 전투에 투입할 수 있으며, 군은 공중에서 훨씬 더 효과적으로 적과 교전할 수 있게 되었다. 헬리콥터는 한국의 거친 지형에서 미국의 작전에 필수적이었으며, 베트남 전쟁 당시에는 상징적인 Bell UH-1 Iroquois가 광범위하게 사용되었다. 'Huey'는 헬리콥터 무기가 더욱 정교해짐에 따라, 새로운 공군 기병시대를 열었다.

군용 헬리콥터는 또한 순전히 공격 능력을 발휘하도록 설계되었으며 공격 헬리콥터가 탄생했다. 냉전이 격화되면서 많은 새로운 무장 헬리콥터가 생산되었다. 여기에는 American Piasecki H-21, Bell AH-1 Cobra 그리고 Russian Mil Mi-24가 있다. 1986년 보잉의 AH-64 Apache는, 다른 부대가 복제하려고 시도하는 본보기로 등장하여, 전장에서 탱크의 우위를 마감하는 데 도움이 되었다. 더 많은 종류의 공격 헬리콥터가 하늘로 떠오르면서, 이 다재다능한 장비가 다양한 방식으로 군대를 지원할 수 있다는 것이 분명해졌다. 이제 이중 및 다중 역할 헬리콥터가 출현하였다.

최근 몇 년 동안 공격 헬리콥터에는 효율성, 공기역학 및 성능이 더욱 개선, 발전된 시스템이 장착되었다. 제공되는 다양한 기술은 정말 놀랍지만 더 발전할 여지가 충분하다. 세계 최고의 공격 헬기의 미래에 대한 많은 정보를 살펴보자.

군용 헬리콥터의 종류

헬기는 정찰에서 공격에 이르기까지 현대 전쟁에서 필수적인 요소이다.

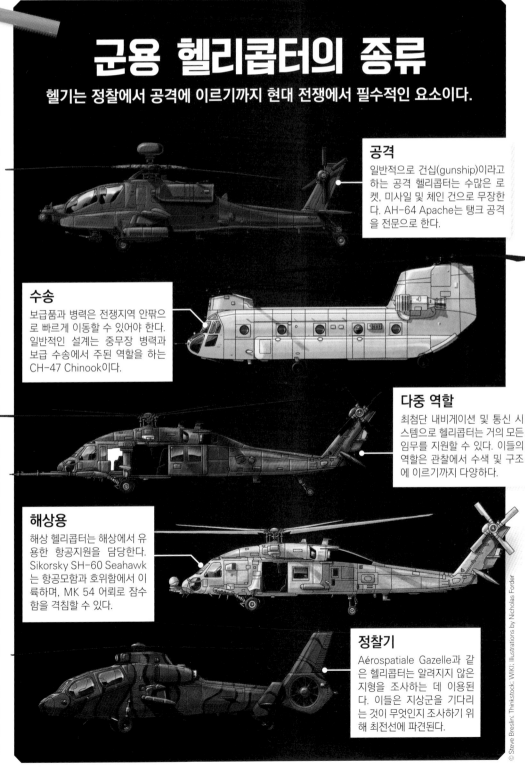

공격
일반적으로 건십(gunship)이라고 하는 공격 헬리콥터는 수많은 로켓, 미사일 및 체인 건으로 무장한다. AH-64 Apache는 탱크 공격을 전문으로 한다.

수송
보급품과 병력은 전쟁지역 안팎으로 빠르게 이동할 수 있어야 한다. 일반적인 설계는 중무장 병력과 보급 수송에서 주된 역할을 하는 CH-47 Chinook이다.

다중 역할
최첨단 내비게이션 및 통신 시스템으로 헬리콥터는 거의 모든 임무를 지원할 수 있다. 이들의 역할은 관찰에서 수색 및 구조에 이르기까지 다양하다.

해상용
해상 헬리콥터는 해상에서 유용한 항공지원을 담당한다. Sikorsky SH-60 Seahawk는 항공모함과 호위함에서 이륙하며, MK 54 어뢰로 잠수함을 격침할 수 있다.

정찰기
Aérospatiale Gazelle과 같은 헬리콥터는 알려지지 않은 지형을 조사하는 데 이용된다. 이들은 지상군을 기다리는 것이 무엇인지 조사하기 위해 최전선에 파견된다.

Tiger(타이거)

현대 공중전의 핵심인 공격 전문 무장 헬리콥터

강력하고 잔인한 공격견(attack dog)인 Airbus Helicopters Tiger는 전장을 장악할 무장과 성능을 모두 갖추고 있다. 냉전기간 동안 서유럽에 대한 소련의 잠재적인 공격에 대응하기 위해 개발되었다. 그 후 소련의 붕괴는 그 시대에 활발했던 전투 사업을 보지 못했음을 의미했지만, 프랑스와 독일은 헬리콥터 개발 작업을 계속했다.

오늘날 Tiger는 혁신적인 스텔스 기술, 매우 정확한 GPS 시스템과 전자 대응책을 완벽하게 갖추고 있다. 대전차 임무에 특화되어 있지만 Tiger의 유연성은 다양한 임무를 수행할 수 있음을 의미한다. 아래 이미지는 HAD 전투 헬리콥터이지만 다른 모델에는 UHT 다중 역할 화력 지원, ARH 무장 정찰 및 HAP 전투 지원이 포함된다. 아프가니스탄, 리비아 및 말리에서 전투에 참가했으며, 현재 프랑스, 독일, 스페인 및 호주에서 사용 중이다.

마스트 장착 관측장비
전자회사인 SAGEM은 전방 적외선(FLIR) 카메라 및 레이저 거리계 역할을 하는 Osiris 조준기를 공급한다.

블레이드
섬유-복합재로 제작된 4개의 로터-블레이드는 가볍고 내구성이 뛰어나다. 타이거의 납작하고 좁은 실루엣(윤곽)은 전장에서 덜 취약하다.

목표물 추적
지붕에 장착된 관측장비로는 카메라, 열화상 및 레이저 추적기가 있으며 비행 중 안정적인 조준을 위해 자이로스코프에 의해 안정화된다.

발사 시스템
포수는 수동 조준 또는 자동 추적을 통해 목표물을 잡을 수 있다.

현대식 공격 헬리콥터

Tiger는 적에게 두려움을 불러일으키는 놀라운 기술을 자랑한다.

상호작용
조종사와 선미 사수 둘이 모두 사용하는 한 쌍의 LCD 디스플레이를 통해 센서 데이터를 보고 Tiger 시스템과 상호작용할 수 있다.

조종석
Tiger의 탠덤 조종석을 사용하면 조종사와 후미 사수 모두 비행 제어 및 무기 시스템에 접근할 수 있으므로 필요한 경우 역할을 바꿀 수 있다.

고기능 조종석
조종사는 긴 시간 격렬한 비행과 악천후 조건에서 작업 부하를 줄이는 자동 비행 제어 시스템의 도움을 받는다.

"연료 탱크는 자체 밀봉되고 폭발을 억제한다."

타이거의 납작하고 좁은 실루엣(윤곽)은 전장에서 덜 취약하다.

AH-64D Apache Longbow

여전히 유능한 공격 헬기인, 상징적인 건십

AH-64D는 적외선 미사일 탐색자에 대한 대항책으로 플레어(flare)를 발사한다.

AH-64D Apache Longbow 건십은 틀림없이 현 시대의 가장 유명한 다중 임무 공격 헬리콥터이다. 지난 19년 동안 임무를 수행하면서 수많은 분쟁 지역에서 전투준비가 되어 있고 신뢰할 수 있음이 입증되었다.

AH-64D는 2008년에 향상된 디지털화, 합동 전술 무선 시스템, 강화된 엔진 및 구동 시스템을 개선하였으며, 여기에는 이라크와 아프가니스탄 전쟁에서 광범위하게 사용된 UAV(무인 항공기) 제어기능과 개선된 착륙장치가 포함된다. 현재 Apache AH-64D Longbow는 미국, 이집트, 그리스, 이스라엘, 일본, 쿠웨이트, 네덜란드, 중국, 싱가포르 및 아랍 에미리트에서 운영하고 있으며, 다른 많은 국가에서 구형 Apache의 변형 모델을 사용하고 있다.

출력
Tiger는 2대의 960kW 터보 샤프트 엔진이 구동한다. 연료 탱크는 적의 총격에 노출되거나 충돌 시 자체 밀봉되고 폭발을 억제한다.

동체
케블라, 카본 라미네이트 및 Nomex가 기체의 80%를 구성하며, 레이더 반사 표면은 최소로 유지된다.

1 T700-GE-701C 엔진
터보 샤프트 엔진으로 AH-64D Longbaw는 순항속도 284km/h에 도달할 수 있다.

2 자동 캐논
30mm 자동 캐논은 크고 화력이 강력한 소이탄을 발사할 수 있다.

3 헬파이어 미사일
이 레이저 유도 미사일은 적의 장갑과 구조물을 파괴하는 데 효과적이다.

4 폭발적인 로켓
빠르게 발사되는 70mm 로켓으로 Apache는 적군 병사, 요새 또는 차량에 대한 공격에서 지상군을 지원할 수 있다.

5 조종석
2인용 공간의 Apache 조종석은 넓은 시야각으로 전장에서 뛰어난 가시성을 제공한다.

6 복합소재 로터 블레이드
복합 4-블레이드 메인로터는 이전 모델보다 탑재 하중, 상승률 및 순항 속도를 높일 수 있다.

7 동체
기동성과 스텔스 기능이 강화된 동체는 위장 색상으로 도색되어 있다.

8 레이더 돔
이 시스템은 장애물 뒤에서 표적을 탐지할 수 있다.

미스트랄 미사일
3kg의 탄두와 사거리 6km의 Tiger는 장거리에서 상당한 공대공 타격을 가할 수 있다.

무기류
Tiger는 버전에 따라 공대지 및 공대공 전투 모두에 적합한, 다양한 조합의 무기를 장착할 수 있다.

119

Bluecopter

Airbus는 Bluecopter로 혁신적이고
친환경적인 기술을 테스트해 오고 있다.

러더(Rudder)
T-테일은 기체를 안정
시켜, 기수가 올라가
는 경향성을 줄인다.

유해 배출물 감소
CO_2 배출량을 40%, 연료
소비량을 10%까지 낮춘다.

Blue Edge 기술
5개의 Bluecopter 블레이
드는 성능에 영향을 주지 않
으면서 소음 공해를 줄인다.

Blue Pulse 기술
액티브 플랩 로터 제어는
블레이드 간의 간섭을 줄
여 소음수준을 낮춘다.

테일 로터
Fenestron은 항력과 소
음을 줄이기 위해 방음 덕
트 안에 장착된 테일-로
터이다.

에코 모드
Bluecopter의 엔진 중 하나를 일시
적으로 정지시켜 유해 배출물을 줄
일 수 있다.

동체 후미 개념
헬리콥터 후미의 디자인이 헬
리콥터를 더 공기역학적으로
만든다.

활주부(skid)
활주부의 특별히 제작된 페
어링은 Bluecopter의 항력
을 낮춘다.

Bluecopter는 Airbus로 하여금 혁신적이고
친환경적인 기술을 테스트하게 해주었다.

스텔스 헬리콥터 기술로 헬기를 훨씬 더 조용하게 만드는 방법

군용 헬리콥터의 가장 큰 강점 중 하나는 기동성
이다. 험한 지형에서 이착륙할 수 있고, 어느 방향
으로든 이동하고 호버링할 수 있으므로, 공격 헬기
는 전투에서 매우 유용하다. 그러나 이러한 이점
은 상당한 비용이 들기도 하고, 회전하는 로터-블
레이드의 소리가 은밀한 접근 가능성을 거의 무력
화 시킨다.

헬리콥터 블레이드는 블레이드-와류 상호작용
(BVI)으로 소음을 생성한다. 블레이드는 각기 많
은 양의 난류가 발생하는 속도로 회전한다. 블레이
드가 회전할 때 엄청난 양의 공기가 블레이드 주위
로 흐르고 집중된 와류(회오리바람과 유사한 소용
돌이치는 공기 덩어리)가 생성된다. 뒤따르는 각각
의 블레이드가 이 소용돌이를 가를 때 음향 에너지

와 진동이 생성되어 전통적인 초퍼 사운드가 생성
된다. 오랜 문제였지만 현재는 이를 줄이기 위해 다
양한 기술을 구현하고 있다.

Airbus의 Bluecopter에는 Blue Edge 기술을
활용하는 새로운 스타일의 회전 날개를 사용한다.
혁신적인 이중 스위프 디자인은 소용돌이에 영향
을 주는 블레이드의 표면적을 줄여 소음을 4dB 낮
춘다. 이것은 모든 블레이드에 3개의 플랩 모듈을
통합하는 Blue Pulse 기술로 보완된다. 액정으로
구동되는 소형 전기모터를 사용하는 플랩 로터 제
어로 통제하며, 초당 40회까지 움직여 압력이 더
적게 생성됨에 따라 블레이드-와류 상호작용이 감
소한다. 이는 발생하는 소음 수준을 낮출 뿐만 아니
라, 실내 진동을 현저히 감소시켜, 조종사가 더 부

드러운 승차감을 느끼게 한다.

Bluecopter가 더 친환경적이고 눈에 띄지 않게
하는 또 다른 방법은 피네스트론(Fenestron)이다.
이것은 테일 로터를 감싸고 메커니즘이 더 많은 블
레이드를 가질 수 있도록 하여, 더 많은 추력을 추
가하는 동시에 항력과 진동을 줄인다. Bluecopter
에서 스텔스 기술은 공기역학적 랜딩 스키드 페어
링과 T-테일 안정화 방향타와 함께 사용되어 효율
성을 높이고 유해 배출물을 줄인다.

**"혁신적인
이중 스위프 디자인은
소음을 최대 4dB 낮춘다."**

Neptune Spear 작전

　2011년 5월 1일, 버락 오바마 미국 대통령은 오사마 빈 라덴이 사살되었다고 전 세계에 공표했다. 알카에다의 설립자를 처리한 작전은 Neptune Spear 작전으로 명명되었으며, 2대의 MH-47 치누크의 지원을 받은 2대의 Black Hawk 헬리콥터가 수행하였다. 임무를 수행하는 동안 블랙 호크 중 하나가 어려움을 겪고 경착륙해야 했다. 떠나기 전에 SEAL 팀은 경착륙한 헬기를 파괴하려 했고, 항공 분석가들은 그것이 비밀 스텔스 기술을 갖추고 있었을 거라고 믿는다. 미국 당국은 이 문제에 대해 입을 다물고 있지만, 살아남은 잔해의 사진을 보면 소음을 억제하고 레이더를 피하고자 꼬리 부분을 수정한 것으로 보인다.

UH-60 블랙 호크는 미군 최고의 다목적 헬리콥터가 되었다.

군용 헬리콥터 임무의 유형

강력하고 민첩하며 탄력적인 Tiger는 다양한 상황에 적합한 헬기이다.

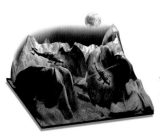  

지상 화력 지원

지상의 보병 사단과 기갑 사단은 Tiger의 지원을 받을 수 있다. 30mm 주포는 매우 정확하며 최대 2,000m 거리에서 발사할 수 있다.

수륙 양용 작전

Tiger HAD는 또한 해상에서 적합한 무기이다. 항공모함에 착륙할 수 있도록 설계되었으며 유지 보수 요구 사항이 적기 때문에 장기간 바다에 머물 수 있다.

호위

아프가니스탄, 리비아, 말리에서의 작전에서 Tiger는 호위 헬기로서의 위력을 발휘했다. 쉽게 위협을 제거하고 사람을 안전하게 유도할 수 있다.

무장 정찰

주야간 식별 센서는 Tiger를 험한 지형을 통과할 수 있고, 필요한 경우 적과 교전할 수 있는 매우 유능한 정찰기로 만든다.

공중전

30mm 포탑 총과 미스트랄 미사일의 쌍둥이 공격력은 다른 어떤 헬리콥터도 따라올 수 없다. 또한 기내에는 32개의 채프와 플레어 카트리지가 있다.

대-전차전

Tiger가 발사할 수 있는 강력한 대전차 미사일의 사거리는 Tiger가 이상적인 공격헬기임을 증명한다. 안전한 거리에서 탱크를 타격할 수 있으며, 최대 8,000m 거리에서 발사할 수 있다.

전문가에게 물어봅시다

Bluecopter에 대해 자세히 알아보기 위해 Airbus의 프로그램 관리자 Marius Bebesel과 인터뷰 했다.

Blucopter는 어떤 종류의 헬리콥터인가요?

Bluecopter는 H135를 기반으로 하는, 가벼운 쌍발 헬리콥터로서, Airbus Helicopter의 제품 라인 전반에 적용할 수 있는 차세대 친환경 기술을 시험할 수 있는 비행 기술 시험대입니다. Bluecopter는 독특하고 유일무이한 테스트 항공기입니다.

얼마나 환경친화적이고 에너지 효율적인가요?

Bluecopter를 통해 Airbus Helicopters는 성능 및 연료 관리 기술(표준 순항 중에 두 엔진 중 하나를 정지하는 '에코 모드' 포함)을 테스트하여 연료소비를 10% 감소시켜, 배출 감소 40% 달성에 공헌했습니다.

시연 헬기는 헬리콥터의 공기역학적 항력을 줄이기 위한 몇 가지 설계 대책을 제공합니다. 여기에는 메인-로터 허브와 랜딩 스키드용 페어링, 새로 개발된 항력이 낮은 동체 후미 개념이 포함됩니다.

친환경적인 접근 방식은 헬리콥터의 매력적인 페인트 체계까지 확장되어 최신 수성 페인트 기술을 사용합니다.

전동 헬리콥터에 대한 계획이 있나요?

Airbus Helicopters는 복합 헬리콥터 LifeRCraft 및 고압축 엔진(경 헬기용 터빈 대신 고급 디젤엔진 사용)으로 배기가스 저감 기술을 연구하고 있습니다. Airbus Group은 전기 비행을 연구하기 위해 Siemens와 협력하고 있으며, 2030년까지 100석 미만의 여객기는 하이브리드 추진 시스템으로 추진할 수 있을 것으로 예상합니다.

V-280 Valor
타의 추종을 불허하는 속도, 비행거리 및 탑재 하중을 자랑하는 혁신적인, 신형 Bell과 Lockheed Martin 디자인

VTOL 기술
최신 틸트 로터 기술은 거의 모든 지형에서 수직으로 이륙할 수 있다.

센서 기술
강화된 상황 인식 시스템은 임무 중 매우 정확한 폭격을 보장한다.

틸트 로터
역회전이 가능한 이중 프로펠러는 뛰어난 기동성을 제공한다.

수용능력
대형 장갑 동체는 병력 14명과 승무원 4명을 수용할 수 있다.

속도와 비행거리
최고속도는 500km/h 이상이며, 전투 범위는 약 1,500km이다.

로터의 하향 기류
로터-블레이드의 하향 기류 감소로 로프-호이스트 작동이 더 쉽고 안전해진다.

Raider에 적용된 혁신적인 기술을 이용, 표준 헬기보다 훨씬 더 빠른 속도에 도달할 수 있다.

군용 헬리콥터 : 다음 세대
새로운 종류의 슈퍼콥터는 어떤 미래를 가지게 될까?

Boeing AH-64 Apache와 Sikorsky UH-60 Black Hawk는 여전히 유능한 무장헬기이지만 훨씬 더 고급 모델이 곧 출시될 예정이다. 두 회사는 미래 헬리콥터 설계의 최전선에 있으며, 현재 헬기의 2배 속도와 2배 비행거리를 자랑하는 헬리콥터 개발을 목표로 하고 있다. 두 항공 거인은 현재 SB〉1 Defiant를 만들기 위해 힘을 합치고, Bell과 Lockheed는 V-280 Valor형의 자체 대항 프로젝트를 진행하고 있다.

두 사업 모두 시범 항공기를 개발, FVL(Future Vertical Lift) 프로젝트 범위에서 잠재적인 미래 헬리콥터 디자인에 대한 시운전을 진행하고 있다. 이들은 2017년 초, 미 육군의 합동 다중 역할 프로그램의 일환으로 시험비행을 할 것이다. FVL에는 현재의 디자인을 새로운 유형의 공격 헬리콥터로 대체할 5대의 완전히 새로운 헬리콥터가 포함된다.

새로운 헬리콥터는 최고 수준의 전투능력 뿐만 아니라 반-자율비행 기술을 수용하고, 도시 보안, 재난 구호 및 의료 대피에 사용할 수 있을 만큼 융통성이 크다. 각 항공기는 부품을 교체해야 하는 시기를 조종석의 승무원에게 알려주는 동시에 조종사에게 최대한 많은 지원을 제공하는 새로운 액티브 시스템을 사용한다.

다른 헬기와의 호환성은 새로운 헬기 디자인의 최전선이 될 것이다. 이들은 선박에 착륙할 수 있으며, 화물 비행기에 보관된다. 이 초 고급 헬리콥터는 2030년까지 생산에 들어갈 예정이며 미 육군, 해군, 공군과 해병대가 사용하게 될 것이다. 공격 헬리콥터뿐만 아니라 고전적인 치누크의 설계도 세밀하게 점검될 것이다.

"새로운 헬리콥터는 반-자율비행 기술을 사용하게 될 것이다"

SB >1 Defiant

Sikorsky와 Boeing의 합작 투자로 헬리콥터 기술의 면모를 바꿀 수 있다.

연료가 가득!
대형 연료 탱크는 강력한 미래 엔진에 연료를 공급하기에 충분하도록 설계되었다.

동축 로터
이중 역회전 로터는 매우 강력하면서도 항공모함에 착륙할 수 있을 만큼 민첩하다.

푸셔 프로펠러
푸셔 프로펠러는 악천후에서도 450km/h 이상의 최고속도를 허용하게 될 것이다.

자율비행 지원
Fly-by-wire 기술은 조종사가 다쳤을 때 헬기를 안전하게 보호할 것이다.

고기능 조종석
조종사는 탐색 정보의 흐름을 우선시하는 인지적 의사결정 지원 기술의 도움을 받게 될 것이다.

공간이 넓은 동체
헬기의 무게는 13톤이 넘으며, 12명의 병사와 4명의 승무원이 탑승할 수 있다.

방어 메커니즘
SB〉1 Defiant를 목표로 하는 모든 미사일의 경로를 전환하기 위해, 첨단 레이저 전파교란 장치가 설치된다.

© Boeing_Sikorsky

Block II Chinook 프로그램은 Boeing의 상징적인 트윈 로터 헬기가 현대화 프로젝트를 거치는 것을 마주하게 될 것이다. 이들은 여전히 똑같은 기본 디자인을 활용할 것이지만, 다양한 현대기술을 적용할 것이다. 모든 프로젝트는 미래에 대한 흥미진진한 전망이며 오늘날의 헬리콥터에 적용되는 최첨단 기술을 기반으로 한다. 드론이 공중전의 최전선에서 중요한 역할을 지속하는 동안, 공격 헬리콥터는 그 어느 때보다 더 진보된 엔지니어링과 무기로 다시 한번 하늘을 지배하게 될 것이다.

Raider 조종석은 조종사 2명을 수용할 수 있으며, 기내에는 병사 6명의 공간이 있다.

S-97 Raider

Sikorsky는 현재 차세대 헬리콥터를 개발하고 있다. 혁신적인 기술을 활용한 S-97 Raider에는 동축 역회전 로터가 1개가 아니라 2개이다. 이 로터는 동일한 축에 장착되지만 서로 반대 방향으로 회전한다. 이 고급 로터 윙 기술은 후방에 푸시 프로펠러가 있으며, 가장 까다로운 기후에서도 헬기가 고도 3,000m에 도달할 수 있고, 현재 사용 중인 가장 빠른 헬기보다 2배 빠른 속도로 비행할 수 있다. Raider는 뛰어난 성능뿐만 아니라 현재의 헬기보다 회전 반경이 작고 소음이 적게 발생하도록 설계되었다. 군대 안에서의 역할은 경전술 헬기가 될 것이지만, 여전히 타격력을 가지고 있으며, 헬파이어 미사일을 장착하고 있다. Raider는 무장 정찰, 수색과 구조 임무에 똑같이 능숙하며, 이를 위해 접이식 랜딩기어, 진동 제어 및 열분석 시스템을 갖추고 있다.

Raider는 2015년에 처녀비행을 했으며 현재 개발 중이다.

AJAX 장갑 전투 차량

전투에서 군대의 눈과 귀 역할을 할 정교한 전차를 찾아보자

군인으로서 전쟁지역에서 적의 공격으로 수송차량이 파손되었다고 상상해 보라. 손상된 부품을 교체할 수 있다는 사실을 알고 있다면, 생존 가능성을 더 확신하게 될 것이다. 이것이 영국 육군의 최신 장갑 정찰탱크인 AJAX 설계의 기본 원칙 중 하나이다. 2017년에 사용하기 시작한 AJAX는 가장 진보된 전장 감시기술을 보유하고 있다.

다양성과 융통성은 디자인의 핵심 요소이다. 기본 모델 외에도 다양한 목표에 맞추어 설계된 5가지 버전이 있다. 각각은 AJAX를 기반으로 하므로 모두 해당 차량의 모듈식 장갑 시스템과 확장 가능한 전자 아키텍처를 공유한다. 즉, 중요한 하드웨어 및 소프트웨어가 손상되거나 더 나은 구성 요소로 대체되는 경우, 쉽게 교체하거나 업그레이드할 수 있다.

첨단 보호 차폐 및 컴퓨터 시스템뿐만이 아니다. AJAX에는 5가지 유형의 발사체를 발사할 수 있는 40mm 대포가 있다. 최대 4명의 승무원과 예비 부품 및 탄약 공급을 위해 운전실에 더 많은 여유 공간을 확보하기 위한 측면 적재가 가능하다.

AJAX는 영국군이 첩보, 감시, 표적 획득 및 정찰(ISTAR)에 이바지하는 데 중심적인 역할을 하도록 설계되었다. 이 통합된 국제적 접근방식은 지휘관이 더 나은 전투 결정을 내릴 수 있도록 돕기 위한 것이다.

AJAX 구조 해부

AJAX가 영국 육군의 가장 진보된 장갑차 중 하나인 이유를 알아보자.

서로 연결된 전투
네트워크 지원 디지털 통신 장비를 사용하면, 정보를 빠르고 안정적으로 공유할 수 있다.

넓은 각도의 시야
기본 시야는 주변 지역의 넓은 파노라마 뷰를 제공한다.

현장 수리
전투에서 모듈식 부품이나 시스템이 손상된 경우, 기지로 돌아가지 않고 현장에서 교체할 수 있다.

아래로부터의 공격 대비
AJAX는 지뢰 폭발로부터 승무원을 보호하는 조치로, 좌석을 지붕에 매다는 기술이 포함된다.

General Dynamics는 35억 파운드(44억 달러)의 비용으로 AJAX 589대를 공급할 예정이다.

AJAX 변형 모델   AJAX의 5가지 변형 모델은 각각 고유한 특수 역할을 가지고 있다.

ARES

적 표적에 근접 감시를 위해 2명의 승무원을 수송하도록 설계된 ARES는 원격 무기 시스템을 갖추고 있다.

ATLAS

사상자를 구하기 위해 제작된 ATLAS에는 2개의 윈치와 앵커가 포함된 복구 패키지가 장착되어 있다.

ARGUS

이 2인용 차량이 주목하는 것은 주변 지역의 지형과 같은 엔지니어링 관련 데이터이다.

ATHENA

ATHENA의 온보드 매핑 및 감시 장비는 의사결정을 동기화하는 데 사용된다.

APOLLO

APOLLO 모델에는 손상된 차량을 복구하기 위한 크레인과 견인 장비가 장착되어 있다.

색다른 탄환

이 대포가 발사하는 탄환은 비교적 작으며, 초당 최대 1,500m까지 날아갈 수 있다.

화력

40mm 텔레스코픽 캐논은 훈련, 고 폭발성 공중 폭발, 공중 폭발, 장갑 관통 및 포인트 폭발 발사체를 발사할 수 있다.

"다재다능함과 융통성이 AJAX 디자인의 핵심 요소"

디젤엔진

805마력 디젤엔진으로 AJAX는 70km/h 이상의 최고속도를 발휘한다.

부하 감당 능력

'중형' 차량으로 분류되는 AJAX는 총 중량 42톤까지 감당할 수 있다.

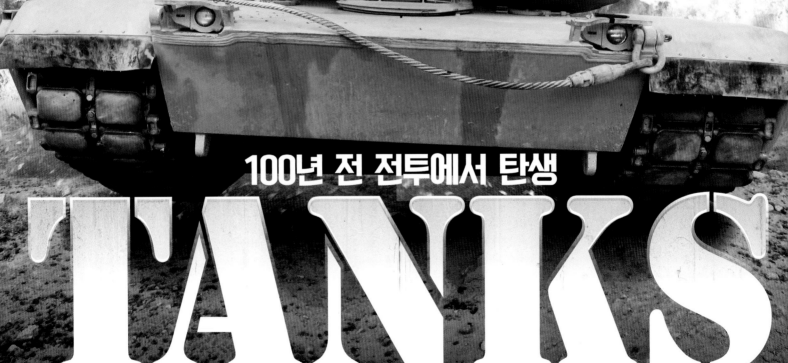

100년 전 전투에서 탄생

TANKS

1차 세계대전부터
현대 기계화의 경이로움까지, 장갑 전투의 진화

고대 그리스의 중장비 보병은 방패와 함께 일제히 전진했다. 한니발의 카르타고인들은 전투 코끼리를 이용했다. 공상가 레오나르도 다빈치는 1487년 장갑차의 이미지를 그렸다. 전장을 장악할 수 있는 장갑차량인 탱크의 개념은 인류가 전쟁을 벌이는 동안 오랫동안 존재해 왔지만, 100년 전에 실현이 가능해졌고 파괴적인 능력으로 발전했다.

1차 세계대전의 삐걱거리던 초기모델부터, 전차는 전투 중 작전 우위를 차지하기 위해 존재해 왔다. 전차의 역할은 무력을 이용한 맹렬한 타격에서부터 적진 돌파, 빠른 진군, 다른 차량 및 요새의 파괴, 이동식 대포와 같은 화력 지원과 정찰에 이르기까지 다양하다.

부여된 임무를 성공적으로 완수하기 위해서는, 전차에 화력, 기동성 및 보호라는 세 가지 핵심 설계 요소가 필요하다. 집중된 화력은 적진에 타격을 가하고 빠른 속도로 모든 유형의 지형을 달릴 수 있으므로 적의 참호를 통과할 수 있으며, 중장갑은 전문성, 효율성, 용기로 무장한 승무원이 다치지 않도록 보호한다.

전차가 처음으로 전투에 투입되었을 때 참호전의 끔찍한 교착상태가 깨질 것이라는 희망이 높았다. 전차는 무장 시스템이 성숙해지면서 지배력과 결정력의 무기가 되었다. 오늘날 전차는 잠재적인 전쟁 승리자이지만, 전성기를 지난 값비싼 기계로 인식되고 있다. 그런데도 기술 발전과 전쟁에 미치는 영향은 놀랍다.

의심의 여지없이 전차의 존재만으로도 전쟁을 수행하기 위한 결정과 지상 공격자에 대한 효과적인 방어에 영향을 미치고 있다. 따라서 전차는 여전히 군사전략의 주요 형성자이며, 그 역할은 가까운 미래에도 계속될 것이다.

탱크의 진화

수십 년 동안의 전쟁을 거치면서 기술은 탱크를 놀라운 파괴력을 가진 무기로 만들었다.

Mark V (Male)
원산국: United Kingdom
최초 생산: 1917
현재 사용 여부? No

Char B1 bis
원산국: France
최초 생산: 1937
현재 사용 여부? No

Centurion
원산국: United Kingdom
최초 생산: 1945
현재 사용 여부?: No

M60
원산국: United States
최초 생산: 1959
현재 사용 여부? Yes

PT-76
원산국: Soviet Union
최초 생산: 1950
Still in service? Yes

T-54
원산국: Soviet Union
최초 생산: 1948
현재 사용 여부? Yes

T-72
원산국: Soviet Union
최초 생산: 1971
현재 사용 여부? Yes

Leopard 2
원산국
최초 생산: 1979
현재 사용 여부? Yes

M1A1 Abrams
원산국: United States
최초 생산: 1979
현재 사용 여부? Yes

Challenger 2
원산국: United Kingdom
최초 생산: 1993
현재 사용 여부? Yes

Arjun
원산국: India
최초 생산: 2004
현재 사용 여부? Yes

K2 Black Panther
원산국: South Korea
최초 생산: 2013
현재 사용 여부? Yes

T-90
원산국: Russia
최초 생산: 1993
현재 사용 여부? Yes

© WIKI; Thinkstock: Illustration by Nicholas Forder

Challenger 2는 매우 정확한 사격 통제 시스템을 갖추고 있다.

T-72 전차는 30개국 이상에 수출되었다.

과거와 현재의 탱크   현대 전장에서의 요구가 설계를 형성한 방법

1차 세계대전 이전에 연구개발을 통하여 이미 탱크 설계에서 실질적인 이점을 알고 있었다. 무거운 트랙터와 함께 사용 중인 캐터필러 트레드는 바퀴보다 우수한 것으로 입증되었으며, 단위 중량당 출력의 비율은 이동성과 성능에 상당한 영향을 미치는 것으로 인식되었다.

탱크 개발의 모든 측면에 대한 실험을 통해 기본 내부 동력원이 도입되었고 강철판을 리벳으로 연결하여 트랙터 또는 자동차 차대 위에 장갑 상자를 설치했다. 가시성과 조향성은 각각 위험한 관측 포트와 일련의 조종장치로 조잡하게 달성하였다. 원래 보병 및 포병 부대와 함께 사용하던 기관총과 대포도 개조되었다.

그들과 마주친 평범한 보병에게는 두려운 존재였겠지만, 최초의 전차는 기계적 고장이 발생하기

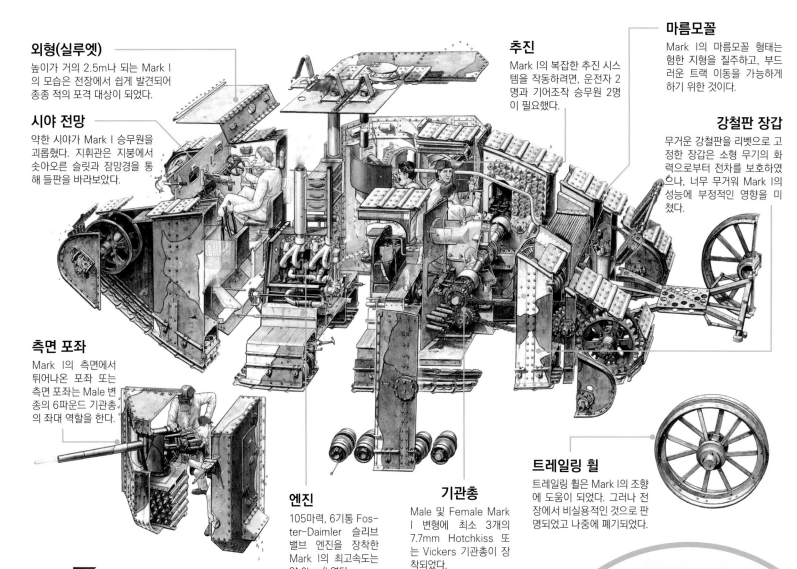

외형(실루엣)
높이가 거의 2.5m나 되는 Mark I의 모습은 전장에서 쉽게 발견되어 종종 적의 포격 대상이 되었다.

시야 전망
약한 시야가 Mark I 승무원을 괴롭혔다. 지휘관은 지붕에서 솟아오른 슬릿과 잠망경을 통해 들판을 바라보았다.

측면 포좌
Mark I의 측면에서 튀어나온 포좌 또는 측면 포좌는 Male 변종의 6파운드 기관총의 좌대 역할을 한다.

추진
Mark I의 복잡한 추진 시스템을 작동하려면, 운전자 2명과 기어조작 승무원 2명이 필요했다.

마름모꼴
Mark I의 마름모꼴 형태는 험한 지형을 질주하고, 부드러운 트랙 이동을 가능하게 하기 위한 것이다.

강철판 장갑
무거운 강철판을 리벳으로 고정한 장갑은 소형 무기의 화력으로부터 전차를 보호하였으나, 너무 무거워 Mark I의 성능에 부정적인 영향을 미쳤다.

엔진
105마력, 6기통 Foster-Daimler 슬리브 밸브 엔진을 장착한 Mark I의 최고속도는 약 6km/h였다.

기관총
Male 및 Female Mark I 변형에 최소 3개의 7.7mm Hotchkiss 또는 Vickers 기관총이 장착되었다.

트레일링 휠
트레일링 휠은 Mark I의 조향에 도움이 되었다. 그러나 전장에서 비실용적인 것으로 판명되었고 나중에 폐기되었다.

1916

Mark I   이 첫 번째 전차는 참호전의 교착상태를 끝냈다.

1차 세계대전 중 참호전의 고통스러운 교착상태를 깨고자 하는 열망은 세계 최초의 작전 전차인 British Mark I의 개발을 가속화했다. Landships Committee는 1915년 윈스턴 처칠(당시 해군의 제1 제독)에 의해 전장용 장갑차를 생산하기 위해 설립되었다. Mark I은 초기 프로토타입인 Little Willie와 Mother의 생산 모델이었다.

Mark I의 무게는 28톤이 조금 넘었고, 6기통 Foster-Daimler 엔진으로 구동하였다. Mark 1은 두

가지 모델로 생산되었다. Male은 2개의 Hotchkiss 6파운드 건을 장착하고, Female은 2개의 Vickers 기관총을 장착하였으며 두 모델 모두 3개의 경기관총을 추가로 장착했다.

8명의 승무원이 한 칸에 모여 있었다. 영국군은 1916년 2월, Mark I 전차 100대를 처음 주문했고 이 전차는 솜(Somme) 전장에서 전투에 데뷔했다. 여러 대의 전차가 고장이 나거나 못쓰게 되긴 했지만, 현대 전쟁의 새로운 시대를 열었다.

36대의 전차군단이 1916년 Flers-Courcelette 전투에서 공격을 주도했다.

쉬운 무겁고 다루기 힘든 기계였다. 엔진은 엄청난 무게의 차량을 구동하기에는 출력이 너무 낮아 부적당했다.

압박이 심한 엔진의 배기가스는 때때로 승무원들을 숨 막히게 해서 그들이 정상적인 활동을 할 수 없게 만들었다. 2세대 장갑차는 1차 대전의 경험을 반영했으며, 2차 세계대전 중에 수많은 혁신이 이루어졌다. 특수 제작된 탱크 섀시가 사용되었고 디젤 및 가솔린 엔진이 더욱 강력해졌으며, 일부는 항공기 산업에서 차용하였다. 기관총과 대포가 회전 포탑에 장착되고, 장갑 보호기능이 향상되었으며, 수신호와 방향표시 깃발을 대체하는 신뢰할 수 있는 무전기로 탱크 간의 통신이 크게 향상되었다.

20세기 후반과 그 이후에 진화한 기술로 인해 전차는 현대의 경이로운 기계화 전쟁의 총아로 탈바꿈했다. GPS(Global Positioning Systems)는 전례가 없던 정확한 탱크 합동 작전을 촉진하는 반면, 정교한 적외선 표적 획득 및 안정화 장비를 통해 여러 표적을 동시에 추적하고 이동 중에 정확하게 무기를 발사할 수 있게 되었다. 또한 강철보다 가볍고 몇 배 더 강한 복합 장갑과 결합된 최첨단 터빈엔진을 사용하여 전례가 없는 속도와 안전을 제공하게 되었다.

Mark 1의 실내 상태는 8명의 승무원에게 덥고, 시끄럽고, 위험했다.

미국 전차병이 1945년 독일 Coburg에서 탱크에 대한 명령을 기다리고 있다.

화염방사기가 장착된 M4 Sherman 전차는 미국이 1945년 이오지마 전투에 투입하였다.

최초의 전차는 적진의 철조망을 뚫도록 설계되었다.

© WIKI; Getty

PRESENT DAY

Challenger 2 　영국 육군의 주력 전투 탱크

많은 군사 분석가들이 오늘날 세계 최고의 주력 전차로 간주하는 영국의 챌린저 2의 개발은 1986년부터 1991년까지 5년에 걸쳐 이루어졌다. 이전 모델인 챌린저 1과 이름을 공유하지만, 구성부품의 5% 미만만 호환된다. 전장 최강 전차로 설계된 Challenger 2는 무게가 70톤에 불과하며, 국방 단일 주계약자인 BAE 시스템의 지상 시스템 사업부가 2차 세계대전 이후 처음으로 설계, 개발 및 생산에 참여한 영국의 전차이다.

Challenger 2의 주 무기는 120mm L30 CHARM (CHallenger main ARMament) 라이플 건이며, 전자장치를 이용하여 포탑과 건을 제어한다.

이 전차에는 동축 L94A1 7.62mm 체인-건과 7.62mm L37A2 커맨더 기관총을 포함한 소형 무기도 장착되어 있다. 2세대 Chobham 복합 장갑으로 보호되는 Challenger 2는 주로 이라크 해방작전 동안에 인상적인 전투기록을 세웠다.

표적 획득
Challenger 2의 사령관과 사수는 열화상 및 레이저 거리 탐지 기능을 갖춘 회전식 완전 파노라마 사격 조준기를 활용한다.

영국의 Challenger 2는 1993년부터 2002년까지 생산되었으며 약 450대가 완성되었다.

운전자 위치
4명의 Challenger 2 승무원 중 1명인 운전자는 앞쪽에 앉아 잠망경과 야간 투시경을 사용하여 탱크를 조종한다.

주요 무기
Challenger 2의 주요 무기는 뒤틀림을 방지하기 위해 열 슬리브가 장착된 120mm L30 라이플 캐논이다.

서스펜션
유공압 가스 가변 스프링율 서스펜션은 국토 횡단 작전이나 도로에서 Challenger 2에 안정성을 제공한다.

트랙
Challenger 2는 트랙의 장력을 운전석에서 유압식으로 조정하여 다양한 지형에서 뛰어난 기동성을 발휘한다.

일본의 90형 전차는 세계에서 가장 빠른 자동차인 부가티 시론만큼의 출력인 1,500마력을 발휘한다.

"기술은 전차를 현대 전쟁의 경이로움으로 바꾸었다."

보조 무기

로더의 해치에 장착된 한 쌍의 7.62mm 기관총은 Challenger 2를 근접 방어한다.

포탑(Turret)

공기역학적인 Challenger 2의 포탑에는 사령관과 포수를 위한 좌석과 함께 정교한 시야, 표적 획득 및 방어 시스템이 탑재되어 있다.

M1 Abrams는 냉전, 이라크 및 아프가니스탄에 투입되었으며, 2050년까지 사용할 것으로 예상된다.

엔진

Challenger 2의 1,200마력 12기통 Perkins-Condor CV12 디젤엔진은 최고속도 60km/h를 보장한다.

2007년 캐나다는 아프가니스탄에서 군대를 지원하기 위해 독일에서 Leopard C2 탱크 20대를 빌렸다.

첨단 방어력에도 불구하고 현대 전차는 여전히 적의 화력에 굴복할 수도 있다.

Challenger 2는 1998년 영국군에 투입되었다.

다층 장갑

Challenger 2를 보호하는 개선된 다층 구조 장갑의 특별한 특성은 계속 유지된다.

© WIKI; Getty; Illustration by Alex Pang

131

오늘날의 전장

방어에서 공격까지, 전쟁에서 탱크의 다양한 역할을 알아보자.

최초의 배치 이후 전차는 여러 가지 전투 임무를 수행했다. 세계 최고의 군사 조직들이 전차의 잠재력을 평가하기 시작하면서 그 미래를 받아들이거나 무시했고, 군사기관들은 장갑차의 고유 역할을 발전시켰다.

분업 현상이 나타났다. 탱크는 강력한 장갑과 무기를 갖추는 한편, 속도와 빠른 기동을 위해 날씬해졌다. 전차의 유년기에도, 영국 전차군단은 1차 세계대전에서 더 빠르고 더 기동성이 뛰어난 Whippet과 함께 더 무거운 Mark IV 및 Mark V 전차를 생산했다. 더 무거운 전차는 독일 참호를 뚫고, 가벼운 전차가 적진을 공격할 수 있는 틈을 만들었다.

중(重)전차가 강력한 타격을 가하는 동안, 경(輕)전차는 현대식 기병으로 활약했다. 이 전술은 2차 세계대전까지 계속되었으며, 고급 경전차, 중(中)전차, 중(重)전차가 각각 전임자의 역할을 떠맡았다. 탱크 대 탱크 전투가 더 보편화되고 역할의 다양성이 증가함에 따라 다양한 장갑 차량이 탄생했으며, 일부는 적 탱크를 파괴할 수 있도록 특별하게 설계되었다.

냉전 기간과 21세기까지, 비용 문제와 향상된 기술은 주력 전차의 개념을 발전시켰다. 상당한 출력을 제공하는 고효율 엔진과 더 빠른 속도를 허용하는 가벼운 복합 장갑으로, 이전에 존재했던 성능 격차가 축소되었다.

현대의 전투 탱크는 초기 디자인들을 하나의 치명적이고 만능인 기계로 결합하고 있다.

독일군의 Leopard 2A6가 평평한 지형에서 속도를 내고 있다.

상호 지원
들판에서는 전차가 사다리꼴, 쐐기형, V형, 기동형 및 기타 대형으로 전진하면서 서로를 전면, 측면 및 후면으로 보호한다.

기후 대처
현대식 탱크는 특수 설계 및 장비를 이용하여, 얼어붙은 북극에서 중동 사막에 이르기까지 가장 혹독한 기후에서 사용할 수 있다.

공격 선봉대
주력 전차는 때로 속도, 화력, 장갑 강판의 보호를 최대한 활용하여 공격군의 선봉대 역할을 한다.

전쟁터 택시
경(輕)전차와 장갑 보병 탱크는 보병 분대를 최전선으로, 부상병을 후방으로 수송한다.

지점 정찰
경전차는 종종 기갑 및 보병 대형에 대한 정찰을 수행하여, 적의 위치를 확인한다.

지뢰 제거
특수한 변형 탱크는 특별한 장비로 지뢰를 제거하는 것과 같은 중요한 안전 임무를 수행한다.

독일군 탱크 Tiger는 2km 떨어진 곳에서 적 전차를 파괴할 수 있다.

Python 지뢰밭 파괴 시스템
폭발물로 가득 찬 호스를 따라가는 로켓이 탱크 앞길을 따라 발사, 폭발하면서 탱크 경로에 있는 지뢰의 90% 이상을 제거한다.

이 탱크는 준비된 참호 안에 몸을 낮추어, 자신을 보호하면서 적과 교전할 수 있다.

전투에서 탱크의 역할

"일부 탱크는 적의 탱크를 파괴하도록 특별히 설계되었다."

커맨드 탱크
탱크 편대의 사령관은 전장을 통제하고 부대를 조정한다.

탱크 대 탱크
탱크는 전투에서 적군과 마주하고 적군 전차의 장갑을 관통하도록 특별히 고안된 고성능 탄환을 발사한다.

방어 메커니즘
적의 공격을 물리치기 위해, 탱크는 기관총과 유탄 발사기로 무장하여 연기를 내거나 대항책을 마련한다.

대공 방어
중기관총을 사용하는 주력 탱크는 저공비행 항공기와 드론으로부터 자신을 스스로 방어할 수 있다.

이동식 대포
탱크는 이동식 대포로 사용되며, 적진의 목표물을 조준하고 커다란 포를 발사한다.

교량 가설 탱크
일부 전차 모델은 포탑 대신에 유압으로 작동하는 교량가설 장비를 탑재하고, 수로나 다른 장벽을 가로질러 교량을 가설할 수 있다.

견인력 확보
무한궤도는 표면적이 넓어서 탱크의 무게를 분산하고, 모든 지형을 정복할 수 있다.

수륙 양용 능력
물을 폭풍우처럼 가로지르는 장비는 물을 헤치고 전진하는 노와 같다.

© WIKI; illustration by Ed Crooks

이 영국식 Type 45 구축함은 배수량이 8,000톤이며
승무원은 약 190명까지 태울 수 있다.

차세대 전함

최신 전함의 화력은 놀랍다. 21세기 해전을 좌우하는 기술을 탐구해 보자

해전의 황금기가 200년 전에 끝났다고 생각했다면, 누군가 오늘날의 해군을 잊었음이 분명하다. 사실, 빈틈없는 최첨단 무장 전함의 물결이 현재 조선소에서 단 하나의 목표를 염두에 두고 밀려 나오고 있다:- 바다를 완전히 지배하는 것.

영국 조선소에서 밀려 나오는 새롭고 악랄한 Type 45 구축함부터 미국에서 건조된 거의 공상과학 수준인 Zumwalt급 전함, 대양에 작은 섬처럼 자리잡은 순양함까지, 전함은 그 어느 때보다 한층 더 발전된 사양으로 대량 생산되고 있다.

과거 수 세기 동안의 기본적인 헤비급과는 거리가 멀고, 뱃전의 치명적 게임에서 서로 맞대결을

해야 하는 오늘날의 전함은 해상, 육지 또는 공중으로부터의 다양한 위협을 물리쳐야 한다. 그리고 이들은 극한의 영역에서 그렇게 해야 할 필요가 있다. 따라서 지금 전함(프리깃함, 구축함 또는 코르벳함)에 올라 보면 미친 무기 시스템의 병기고를 찾을 수 있을 것이다.

사거리가 95km(60mile)인 대포, 정밀한 정확도로 목표물에 유도 스마트탄을 쏟아붓는 대포, 시간당 수백 마일로 움직이는 표적을 자동으로 추적한 다음, 초당 최대 1,100m(3,610ft)의 속도로 폭발적인 탄환을 발사할 수 있는 개틀링-건 등이 있다.

미사일 발사 시스템은 함선의 스텔스 기능을 개

선할 뿐만 아니라 다양한 도시 구역-규모 미사일을 안전한 거리에서 수 분 만에 적진의 심장부로 직접 발사할 수 있으며, 함포는 자유자재로 목표물에 지속적인 포격을 가할 수 있다. 이들은 가장 발전된 21세기 전함에 장착된 무기의 맛보기일 뿐이다.

선박의 중무장은 현재 경계가 없으며 해안 경비대, 호송 선박이나 민간 지원 선박도 어떤 형태의 군사 등급 공격무기를 갖추고 있다. 분명히, 세계의 바다를 통제하는 것은 우리가 믿고 있는 역사책만큼 구식이 아니다. 여기서 해상 전투뿐만 아니라 일반 전쟁에 혁명을 일으키고 있는 다양한 유형의 전함과 무기체계를 살펴보자.

교전 규칙
현대 해전의 결과를 결정하는 핵심 단계와 기술

탐지
궤도를 도는 GPS 위성, 레이더와 소나 통신 시스템을 통해 획득한 표적을 먼저 타격하려면, 먼저 탐지해야 한다.

위협
현대 전함은 고속 제트기, 상대 전함 및 심해 잠수함을 비롯한 여러 위협에 맞서도록 설계되어 있다.

공격
공격 중일 때 전함은 유도 또는 비유도 미사일, 고성능 포탄과 치명적인 어뢰로 이러한 표적과 교전할 수 있다.

방어
전함은 공격을 받으면, 플레어 및 대미사일 탄약과 같은 미끼 시스템을 배치하거나, 스마트 자동 대보로 들어오는 위협에 직접 교전할 수 있다.

USS 노스캐롤라이나에 탑재된, 보다 전통적인 41cm(16인치) 함포

미군 전함에서 발사되는 고성능 유도 어뢰

USS 아이오와는 Mark 7 함포로부터 고성능 포탄을 일제히 발사한다.

군함의 유형

1 Corvette(코르벳)
가장 작은 유형의 하나인 코르벳은 해안 작전에 사용되는 가벼운 무장 및 기동작전이 가능한 선박이다. 지금은 스텔스 코르벳도 인기를 얻고 있다.

2 Frigate(프리깃)
일반적으로 다른 군함 또는 민간 선박을 보호하는 데 사용되는 경 무장 중형 군함이다. 최근에는 프리깃이 잠수함 제거에 다시 초점을 맞추고 있다.

3 Destroyer(구축함)
대형이며 중무장한 구축함은 일반적으로 대잠수함, 대공, 대 지상전 전투에 대비하고 있으며, 여러 달 동안 바다에 머물 수 있다.

4 Cruiser(순양함)
순양함은 현대 구축함과 유사한 무장 다목적 선박이다. 순양함은 아직도 사용 중이지만 지금은 대부분 대체되었다.

5 Carrier(항공모함)
바다를 누비는 거대한 괴물, 항공모함은 가장 큰 군함이다. 항공모함의 주된 역할은 해상 공군 기지로서 전투 항공기를 발진하는 것이지만 중무장을 하고 있다.

무기에 초점

최신 군함을 타고, 가장 진보된 4가지 무장에 대한 조준 훈련을 해보자.

Mk 110 함포

FIRE POWER 3

220 57mm(2.2인치) Mk 295 Mod 0 탄약의 자동 일제 사격을 가할 수 있는 Mk 110 함포는 매분 고성능 폭탄을 발사한다. 지난 100년 동안 가장 오래 사용된 해군 함포 시리즈 중 하나인 Mk 110은 다양한 기능을 갖추고 있다.

여기에는 표준 및 스마트 탄약을 모두 발사할 수 있는 능력, 포탄 속도를 정밀하게 측정하기 위해 포신에 장착한 레이더, 탄약 유형을 즉시 전환할 수 있는 능력, 360도 회전하는 함포를 보호하는 스텔스 지향 탄도 방패가 포함된다. 또한 Mk 1100이 발사 전 정확한 지시 명령과 탄약 퓨즈 선택에 밀리초로 응답할 수 있도록 하는 완전한 디지털 사격 제어 시스템도 포함된다. 실제로 Mk 1100이 목표물을 계속 공격하는 데 유일한 장애 요소는 포탄 장전 용량이며, 3분 동안의 재장전으로 120발을 연속 발사할 수 있다.

고급 함포 시스템 (AGS)

FIRE POWER 4

이 시스템이 특별한 이유는 전통적인 무유도 포탄을 발사하는 것과는 거리가 멀다는 점이다. -대부분의 함포가 장거리 지상 공격 발사체(LRLAP), 155mm(6.1 inch) 정밀 유도탄을 발사하도록 설계되어 있다. 기본 블리드 로켓 지원과 표적까지 105km(65mile) 이상 날아갈 수 있는, 확장된 범위의 핀 글라이드 궤적 덕분이다. 또한 궤적 오류 가능성(예 : 정확도)이 50m (164ft)에 불과하므로 먼 거리에서도 믿을 수 없을 정도로 정확하게 발사할 수 있다.

AGS는 스텔스 설계 포탑에서 분당 10개의 LRLAP를 발사할 수 있으며 물론 기존의 무유도 포탄도 발사할 수 있다. 이것이 오늘날 많은 군함에 사용하는 이유이다.

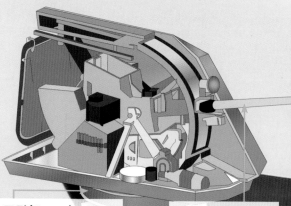

포탑(Turret)

MK 110의 포탑은 360도 회전 가능하며, 함포의 발사 시스템을 포함한다. 포탑은 주포 각도를 −10°에서 + 77°까지 조절할 수 있으며, 레이더를 피하도록 방탄 방패로 보호되어 있다.

포신(Barrel)

MK110에는 프로그레시브 24-그루브 포물선 트위스트가 있는 단일 포신이 있다. 포신의 구멍 길이는 3,990mm(157in)이며, 57mm(2.2in) 일반 탄환과 스마트탄을 발사할 수 있다.

호이스트(Hoist)

MK 110의 57mm(2.2in) Mk 295 Mod 0탄은 기계식 로딩 호이스트를 통해 포탑으로 전달된다. 탄약은 120발을 장전할 수 있고 자동으로 발사실로 공급된다.

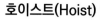

수직 발사 시스템

5 FIRE POWER

수직 발사 시스템(VLS)은 최첨단 다중 미사일 발사 시스템이다. 특정 유형의 미사일만 발사할 수 있는 이전 시스템과 달리 VLS는 모듈식이므로 동일한 인클로저에서 다양한 발사체를 발사할 수 있다. Zumwalt급 구축함에 RIM-162 Evolved Seasparrow 미사일, 대 잠수함 로켓 (ASROC) 및 Tactical Tomahawk 아음속 순항 미사일이 포함된 이 미사일은 선체 내부에 있는 일련의 발사 셀에 둘러싸여 있으며 발사 시에 갑판 상단에서 발사된다. VLS는 필요할 때까지 함선 내부의 미사일을 숨겨서 함선의 전체 레이더 단면을 개선하여 탐지하기 어렵게 만든다. VLS 셀에서 발사되는 각 미사일은 레이더 또는 GPS를 통해 표적을 향하는 고성능 탄두 선택과 함께 다양하게 유도된다.

Phalanx CIWS

3 FIRE POWER

오늘날 건조된 모든 군함은 근접 무기 시스템(CIWS)과 함께 공급되며 이러한 시스템 중에서 Phalanx CIWS는 패키지의 리더이다.

이 함포는 거대한 20mm(0.8in) M61 Vulcan Gatling 건으로, 군함의 장거리 공격무기를 피할 수 있었던 적의 전투기 또는 미사일 등 모든 대상을 공격하도록 설계된 지점 방어 무기이다. 하지만 정말 특별한 것은, 표적과 맞물리기 위해 함께 작동하는 2개의 독립적인 안테나로 구성된 고급 표적 추적 시스템이다. 첫 번째 안테나는 수신 대상을 검색하는 데 사용되며 방위, 속도, 거리 및 고도 정보를 제공한다. 두 번째 안테나는 발사 범위에 도달할 때까지 접근하는 표적의 추적에 사용한다. 날아오는 목표물이 충분히 가까이 오면, Phalanx는 불운한 목표물로 순식간에 안내하는 센서의 선택으로 자동 발사를 할 수 있다.

레이더

둥근 원통형 레이돔이 Phalanx의 Ku-band 탐색기와 함포 레이더를 감싸고 있다. 탐색 안테나가 위협을 찾아내 표적이 적대적인 것으로 확인되면, 함포 발사용 안테나가 자동으로 추적한다.

기관포(Gun)

20mm(0.8in) M61 Vulcan 기관포가 타격한다. 포탄 속도는 1,100m/s(3,600ft/s) 이상이고 유효 사거리는 최대 3.6km(2.2mi)이다.

드럼

개틀링 함포의 탄약은 대형 탄창 드럼으로 공급된다. 이 자동분배기는 분당 4,000발 이상의 속도로 탄약을 공급할 수 있다.

144

"메이플라워는
미국에서 종종
종교적 자유의 상징으로
여겨지고 있다."

150

154

140

148

144

콩코드 내부

날개 아래에는 무엇이 있나요?

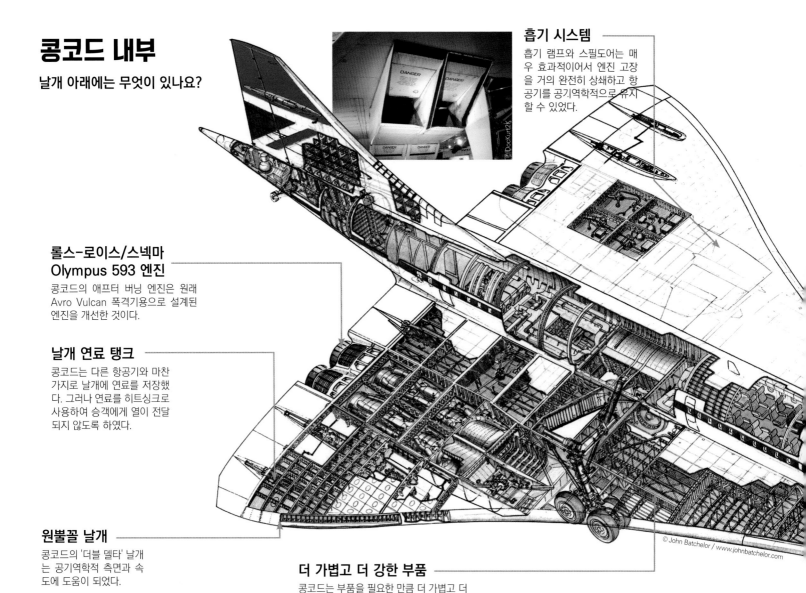

흡기 시스템

흡기 램프와 스필도어는 매우 효과적이어서 엔진 고장을 거의 완전히 상쇄하고 항공기를 공기역학적으로 유지할 수 있었다.

롤스-로이스/스넥마 Olympus 593 엔진

콩코드의 애프터 버닝 엔진은 원래 Avro Vulcan 폭격기용으로 설계된 엔진을 개선한 것이다.

날개 연료 탱크

콩코드는 다른 항공기와 마찬가지로 날개에 연료를 저장했다. 그러나 연료를 히트싱크로 사용하여 승객에게 열이 전달되지 않도록 하였다.

원뿔꼴 날개

콩코드의 '더블 델타' 날개는 공기역학적 측면과 속도에 도움이 되었다.

더 가볍고 더 강한 부품

콩코드는 부품을 필요한 만큼 더 가볍고 더 강하게 만드는 동시에 필요한 부품 수를 줄이는 '조각 밀링' 공법으로 만들었다.

© John Batchelor / www.johnbatchelor.com

콩코드

3시간 이내에 대서양을 횡단할 수 있는 항공기라니! 그것은 바라는 만큼 불가능해 보였다.

음속보다 빠른 비행은 항상 군대에서 유일하게 요구하는 조항이었지만, 60년대 후반 러시아, 프랑스, 영국, 미국은 모두 초음속 상업 여행 아이디어를 연구하고 있었다. 콩코드는 프랑스와 영국 두 나라가 초음속 여객기를 생산하기 위한 노력을 결합한 결과였으며, 지금도 그 선구적인 노력에 감명 받지 않을 수 없다.

원뿔형 또는 이중 곡선 날개는 공기역학적 상태를 유지하고 활주, 이착륙 시 기수를 위로 들어 올려 비행기의 형태에 영향을 주었다. 항공기의 항력을 최소화하고 가시성을 높이기 위해 기수의 뾰쪽한 부분을 움직여 가시성을 개선하고, 비행 중에 곧게 펴서 공기역학적 형상을 개선할 수 있었다.

콩코드의 엔진은 확장된 초음속 비행을 위해 조정해야 했다. 제트엔진은 아음속 속도로만 공기를 흡입할 수 있으므로, Mach 2.0으로 비행할 때는 엔진으로 들어가는 공기속도를 늦춰야 했다. 설상가상으로 공기속도를 낮춤으로써 잠재적으로 손상을 줄 수 있는 충격파가 발생했다.

한 쌍의 흡기 램프와 비행 중 움직일 수 있는 보조 스필도어로 이를 제어하여, 공기흐름을 늦추고 엔진이 효율적으로 작동할 수 있도록 하였다. 이 시스템은 매우 성공적이어서 콩코드 추력의 63%가 초음속 비행 중에 이러한 흡입 시스템에 의해 생성되었다.

그러나 콩코드는 여전히 초음속 비행으로 인해 발생하는 열과 싸워야 했다. 기수(전통적으로 모든

충격음

충격음(소닉붐)은 물체가 공기를 통과함으로써 발생한다. 이 과정은 소리의 속도(음속)로 이동하는 압력파를 생성한다. 기체의 속도가 음속에 가까워질수록, 이 음파들은 서로 합쳐질 때까지 서로 계속 가까워진다. 그 후에 항공기는 'Mach 원뿔'의 꼭짓점을 형성한다. 기수의 압력파와 꼬리 부분의 낮은 압력이 서로 결합하여 독특한 '충격음'을 생성한다.

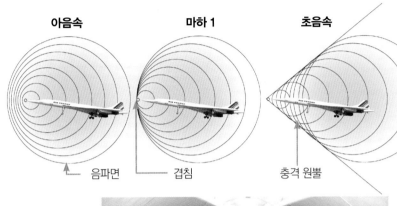

아음속 　　　　마하 1 　　　　초음속

음파면 　　　　겹침 　　　　충격 원뿔

콩코드는 파리 샤를 드골 공항에 전시되어 있다.

승객실

콩코드는 92인승이지만 최대 120명이 탑승할 수 있도록 내부적으로 재구성할 수도 있다.

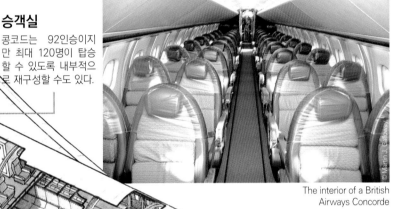

The interior of a British Airways Concorde

한 시대의 종말

2000년 7월 25일, 에어 프랑스 4590편이 프랑스의 고네스에서 추락하여 승객 100명과 승무원 9명, 지상에서 4명이 사망했다.

이 사고는 앞서 이륙한 항공기의 파편으로 인해 발생했지만, 승객 수는 회복되지 않았으며, 노후화된 항공기의 유지비용 상승과 9/11테러 이후 항공여행의 침체로 인해 슬럼프가 계속되었다. 그 결과 2003년 4월 10일, 에어 프랑스와 영국 항공은 콩코드 항공기가 연말에 퇴역할 것이라고 발표했다.

리처드 브랜슨이 버진 애틀랜틱을 위해 BA의 콩코드 무리를 사들이고자 시도했지만, 이 비행기는 히드로로 3번의 콩코드 착륙으로 정점에 달하는 일주일간의 작별 비행을 했고 브리스톨의 필튼에서 마지막 비행을 마치며 은퇴했다. BA는 여전히 콩코드를 소유하고 있다.

하나는 Surrey에 전시되어 있고, 두 번째는 Le Bourget 우주항공 박물관의 자원봉사자들이 비행이 가능한 상태로 보관하고 있으며, 세 번째도 역시 이곳에서 영국인과 프랑스인 엔지니어로 구성된 공동팀이 작업하고 있다.

조종석

콩코드는 조종사, 부조종사와 함께 비행 엔지니어가 필요한 마지막 비행 항공기였다.

Mike Bannister (top left) piloted the first Concorde flight following the Gonesse disaster

이착륙 장치

비행기는 이륙 직전에 큰 각도로 솟아올라야 하므로, 이착륙 장치는 특히 뒷바퀴가 엄청난 스트레스를 받으므로 특별히 강하게 제작하였다.

초음속 항공기의 가장 뜨거운 부분)에는 열이 조종실에 전달되는 것을 방지하기 위해 단열 판을 설치했으며, 비행기 연료는 흡열재로 사용되어 기내에서 열을 흡수했다. 그런데도 콩코드가 초음속으로 비행할 때 공기 압축으로 발생하는 엄청난 열로 인해 동체는 최대 300mm 또는 거의 1피트까지 팽창했다. 이것의 가장 유명한 현상은 비행 엔지니어의 콘솔과 격벽 사이의 조종실에서 발생한 틈새였다. 전통적으로 엔지니어들은 이 틈새에 모자를 놓고 문을 닫았다.

스러스트-바이-와이어

콩코드는 추력 수준을 관리하기 위해 온보드 컴퓨터를 사용한 최초의 항공기 중 하나였다.

기수

콩코드는 이착륙 시 가시성을 높이기 위해 기수를 낮추고, 비행 중에는 곧게 편다.

기술 사양

BAC/Aerospatiale Concorde

제작사:
BAC (Now BAE Systems) and Aerospatiale (Now EADS)

출시 연도: 1976

퇴역 연도: 2003

제작 수량: 20

크기:
Length: 61.66m
Wingspan: 25.6m
Height: 3.39m

용량(승객수):
승객 120명까지

대당 가격: 2300만 파운드, 1977

순항속도: Mach 2.02 (1,320mph)

최고속도: Mach 2.04 (1,350mph)

추진동력: 4x Rolls-Royce/ Snecma Olympus 593 engines

비행고도: 60,000ft

슈퍼마린 스핏파이어

2차 세계대전 당시 가장 상징적인 전투기인 RAF 스핏파이어(Spitfire)는 오늘날까지도 성능, 우아함, 그리고 다재다능함을 인정받고 있다.

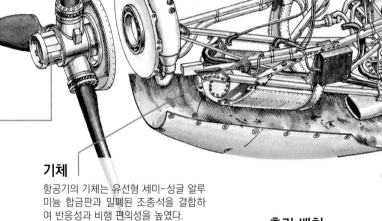

롤스-로이스 V-12 엔진

스핏파이어는 생산수명 기간에 롤스로이스 엔진의 두 가지 변형인 27리터 Merlin과 36.7리터 그리폰을 사용했다.

프로펠러

최초의 스핏파이어에는 목재 프로펠러를 사용하였으나, 나중에 가변 피치 프로펠러로 대체하였으며, 출력이 커짐에 따라 블레이드를 추가하였다.

기체

항공기의 기체는 유선형 세미-싱글 알루미늄 합금판과 밀폐된 조종석을 결합하여 반응성과 비행 편의성을 높였다.

총기 배치

각각 300발의 탄약이 장전된 0.303인치 브라우닝 기관총 8개로 구성된 스핏파이어의 기본 무장

추적자를 보여주는 건-카메라의 비디오 스틸 컷

완전히 밀폐된 조종석

완전히 밀폐된 조종석의 장점은 무수히 많았다. 특히 스핏파이어의 공기역학을 개선하였다.

스핏파이어 내부
무엇이 이 항공기를 그렇게 스펙타클하게 만드는가?

타원형 날개

스핏파이어의 타원형 날개는 극도로 기능적이며, 보기에도 미학적으로 만족스러운 디자인이었다.

동체

스핏파이어의 동체는 19개의 개별 프레임으로 구성된 강화 알루미늄 합금판으로 제작되었다.

착륙장치

스핏파이어의 착륙장치는 완전히 접을 수 있었으며, 이전 항공기에서는 일반적이지 않았던 개선이었다.

2차 세계대전의 기술적으로 뜨겁고 혁신적인 용광로에서 설계된 슈퍼마린 스핏파이어는 시대를 풍미한 전투기가 되었다. 단순한 외형, 우아한 프레임과 뛰어난 공기역학으로 무장한 스핏파이어는 전쟁기간은 물론이고, 그 후 수십 년 동안 여러 세대의 마음속에 살아있었다.

스핏파이어는 헌신적이고 재능 있는 디자이너 팀을 이끌었던 항공 엔지니어 레기날드 미첼의 아이디어였다. 원래 단거리 대공 전투기로 계획되었던 스핏파이어는 속도와 민첩성, 적 전투기와 폭격기를 대적하는 폭발적인 공중전에서 필요로 하는 특성을 갖도록 제작되었다. 하지만 전투기를 제작하는 것은 바람직한 특성을 나열하는 것보다 더 복잡하다. 스핏파이어의 구조는 무게, 공기역학 그리고 화력 간의 일련의 타협의 산물이다.

타원형 날개를 가진 스핏파이어 프레임은 하늘을 배경으로 독특한 실루엣을 드리우는 가장 뚜렷한 특징 중 하나이다. 타원 형태는 항력을 최소화하는 동시에 수축된 기체와 자기방어에 필요한 총을 수용하는 데 필요한 두께를 갖도록 설계되었다. 엄청나게 개별적인 모양을 가진 단순한 타협이었다. 대조적으로, 기체는 모든 금속, 저익 비행기 구조의 흥미진진한 새로운 발전의 영향을 받았으며, 유선형 세미-싱글 알루미늄 합금판과 완전히 밀폐된 조종석의 복잡하면서도 균형이 잡힌 융합이었다. 이를 통한 타의 추종을 불허하는 반응성과 비행 용이성 덕분에 스핏파이어는 조종사들이 가장 선호하는 전투기였다.

더 말할 필요도 없이, 스핏파이어의 또 다른 성공적인 요소는 롤스-로이스 Merlin과 Griffon 엔진이었다. 당시에 V-12 엔진이 700마력에 달하지만 더 강력한 변형이 필요하다는 것을 깨달은 롤스-로이스 이사회는 먼저 멀린(Merlin) 엔진을, 나중에 그리폰(Griffon) 엔진을 제작하였다. 멜린은 처음에 790마력이었는데, 이는 설계에서 목표로 한 1,000마력에는 미치지 못했지만, 수년 안에 975마력으로 개선되었다. 그리폰은 멀린의 성공을 바탕으로 무려 2,035마력을 달성했다. 이 엔진은 스핏파이어의 우위를 점하는 기체와 날개 디자인에 상응하는 것으로 증명되었다.

원래 목적이 근거리 자국 방어였음에도 불구하고 스핏파이어는 매우 다재다능하고 성공적이어서 다양한 군사 목적에 신속하게 투입되었다. 정찰, 폭격, 고공 요격 및 일반 전투기-폭격기 작전을 위한 맞춤형 설계를 포함하여 많은 변형이 제작되었다. 그러나 가장 눈에 띄는 파생물은 항공모함 운용을 위해 특별히 설계되어 변형이 가능한 Seafire로, 날개를 두 번 접어 보관할 수 있는 기능이 추가되었다. 프로펠러 엔진 수명과 제트기 수명 사이의 격차를 해소한 전투-폭격기인 스핏파이어가 보유하고 있는 역사를 고려하면, 여전히 수집가의 주목을 받고 있다는 사실(평균 140만 파운드)과 현재도 비행하고 있다는 것은 놀라운 일이 아니다. 스핏파이어는 군사 역사상 가장 창의적이고 진보된 노력을 보여준 시대를 초월한 엔지니어링 작품이다.

메서슈미트 Me262

이 독일 전투기가 2차 세계대전의 공중 전장에서
무서운 속도와 전투적 우위를 차지한 방법

메서슈미트 Me 262 슈발베는 이 사진에서처럼,
연합군의 손에 넘어간 최초의 해당 제트기 변종이다.

기체

Me 262의 기체는 강철과 알루미늄 합금으로 만들어졌고 조종석 캐노피는 튜브형 베이스 프레임에 장착된 2개의 둥근 플라스틱 유리 부분으로 구성되었다. 기체에는 3륜식 착륙장치가 장착되었다.

피드 킬(Speed kill). 이것은 나치 정권이 2차 세계대전의 '블리츠크리그(Blitzkrieg; 번개 전쟁)' 전술과 함께 큰 효과를 내고, 엄청난 속도와 화력으로 연합군 전선에 구멍을 뚫은 전쟁의 실화이다. 개척자적인 메서슈미트 Me 262 전투기에서 볼 수 있듯이, 그들은 군대의 모든 측면에서 통합된 주문과도 같았으며, 종종 놀라운 결과를 낳았다.

Me 262는 2차 세계대전 당시 결실을 맺은 가장 진보된 항공기 설계였으며 세계 최초의 제트 구동 전투기였다. 최첨단의 유선형 강철과 알루미늄 합금 섀시, 트윈 초강력 융커스 Jumo 004 B-1 터보제트 엔진과 다양한 임무를 수행할 수 있는 무기 세트가 특징이다. 원래는 출격(비행 임무) 중에 연합군 폭격기를 격추하기 위한 고속 전투 요격기로 생각되었지만, 아돌프 히틀러의 명령에 따라 폭격 임무도 포함하도록 역할이 확대되었다.

메서슈미트의 공중 지배력은 최고속도 900km/h (560mph)로 가장 가까운 라이벌인 미국의 P-51 무스탕과 영국의 스핏파이어를 격추했다. 사실, Me 262가 공중 전장에 도입한 극도의 속도는 연합군 조종사가 일렉트릭 건-터렛으로 항공기를 추적하거나 멀어진 거리를 좁힐 수 없어, 기존의 공중전 전술을 수정해야 함을 의미했다. 대신 연합군 조종사는 Me 262의 조종사가 저속 비행을 하도록 유도하여 격추해야 했다.

이 강력한 힘은 터보제트 엔진에서 나왔다. 프로펠러보다 낮은 속도에서는 추력이 적어 Me 262가 고속에 도달하는 데 시간이 더 걸렸다. 그러나 일단 비행하면, Me 262는 연합군 전투기를 쉽게 추월할 수 있었다. 또한 터보제트 엔진 덕분에 Me 262는 동시대 어느 모델보다 고도 상승률이 높아서 전술적으로 사용할 경우, 적을 제압하고 저공 폭격기를 공격할 수 있었다. 공대공 공격은 4개의 30mm MK 108 대포와 24개의 55mm R4M 로켓으로 수행하였다.

Me 262의 대포는 단거리 발사를 허용하는 반면, 비유도식 R4M 로켓은 더 큰 목표물에 고성능 폭탄을 투하할 수 있었으며, 각각 그날의 모든 적기를 완전히 파괴할 수 있었다. 공대지 공격은 250kg 또는 500kg (550~1,100lb)의 자유 낙하 폭탄을 선택, 실현하였으며, 이 폭탄은 전용 폭탄 베이에 저장 및 투하되었다. 무기와 강렬한 속도로 Me 262는 5:1의 격추율로 많은 연합군 항공기를 격추했다.

안타깝게도 Me 262의 통치 시대는 짧았다. 작전 기능성의 대량 지연으로 인해 전쟁이 끝나기 1년 전인 1944년 봄까지 도입되지 않았기 때문이다. 부품 가용성이 낮고 유지 보수에 시간이 오래 걸려, 한 번에 비행할 수 있는 편대의 비행시간에 심각한 결함이 발생했다. 연합군은 Me 262의 뛰어난 성능으로 인한 잠재적인 위협을 인식하고, 생산 공장과 발진 기지를 파괴하기 위해 대량의 폭격을 가했다.

Me 262 엔진은 최고속도 900km/h를 가능하게 했다.

계기류

Me 262의 조종석에 설치된 비행계기에는 인공 지평선, 좌/우 경사각 및 회전각 지시계, 대기 속도 지시계, 고도계, 상승률 지시계, 자동 중계식 나침반 및 블라인드 접근 지시계가 포함되어 있다.

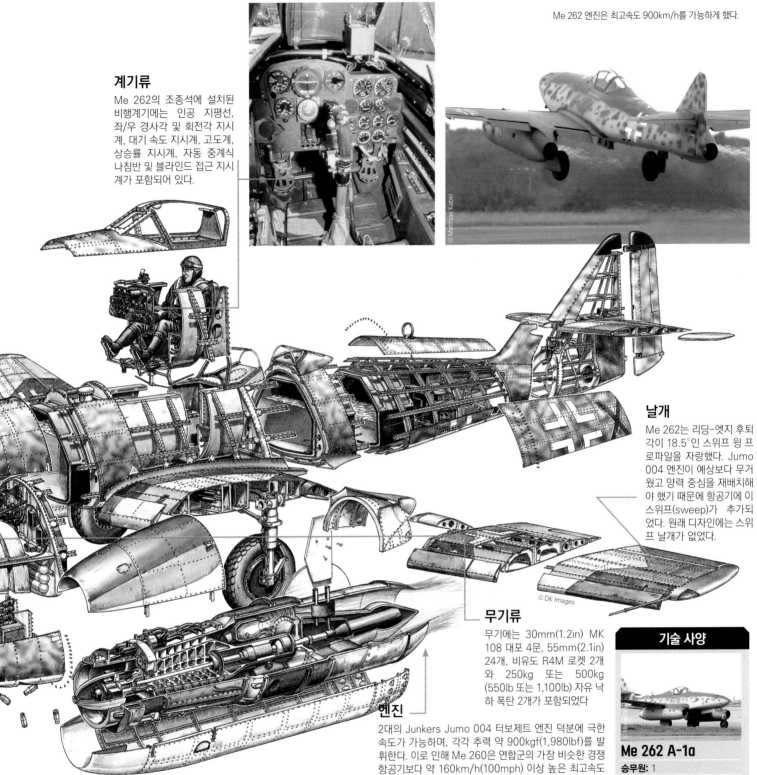

© Matthias Kabel

날개

Me 262는 리딩-엣지 후퇴각이 18.5°인 스위프 윙 프로파일을 자랑했다. Jumo 004 엔진이 예상보다 무거웠고 양력 중심을 재배치해야 했기 때문에 항공기에 이 스위프(sweep)가 추가되었다. 원래 디자인에는 스위프 날개가 없었다.

© DK Images

무기류

무기에는 30mm(1.2in) MK 108 대포 4문, 55mm(2.1in) 24개, 비유도 R4M 로켓 2개와 250kg 또는 500kg (550lb 또는 1,100lb) 자유 낙하 폭탄 2개가 포함되었다

엔진

2대의 Junkers Jumo 004 터보제트 엔진 덕분에 극한 속도가 가능하며, 각각 추력 약 900kgf(1,980lbf)를 발휘한다. 이로 인해 Me 260은 연합군의 가장 비슷한 경쟁 항공기보다 약 160km/h(100mph) 이상 높은 최고속도 900km/h(560mph)로 비행했다.

기술 사양

Me 262 A-1a

승무원: 1

길이: 10.6m (34.8ft)

날개길이: 12.6m (41.5ft)

높이: 3.5m (11.5ft)

무게: 3,795kg (8,367lb)

엔진: 2 x Junkers Jumo 004 B-1 turbojet engines (1,980lbf each)

최고속도: 900km/h (559mph)

항속거리: 1,050km (652mi)

최대고도: 11,450m (37,566ft)

무기: 4 x 30mm MK 108 cannons, 24 x 55mm R4M rockets, 2 x 250kg bombs

"Me 262는 2차 세계대전 중 결실을 본 가장 진보된 항공 디자인이었다."

F-86 세이버

On board the F-86E

세이버(Sabre)를 강력한 전투기로 만드는 고급 엔지니어링을 탐험해 보자.

50년대 최고의 군용기로 이름난 F-86 세이버는 치명적일 만큼 빠른 다재다능한 전투기였다.

F-86 세이버는 40년대 후반에 노스아메리칸 항공(현재 보잉의 일부)이 제작한 매우 성공적인 단일 좌석 전투기였다. 이 항공기는 휩쓸린 모양의 날개를 특징으로 하는 최초의 서구 제트기이자, 다이빙 시에 음속장벽을 허문 최초의 항공기 중 하나로서 한국전쟁과 냉전 기간에 크게 활약하였으며, 항공기 엔지니어링 역사에서 매우 유명한 상징이 되었다.

세이버는 처음에는 러시아 MiG-15와 싸우기 위해 제작되었으며, 비행 우위 역할을 담당하고 격렬한 고속 공중전을 수행하기 위해 파견되었다. 가벼움과 무기 측면에서 러시아 제트기보다 열등하지만, 유선형 동체와 첨단 전자장치가 결합된 스위핑 날개가 전달하는 아음속 항력의 감소는 훨씬 뛰어난 조종성을 제공한다. MiG-15를 능가하는 이 능력으로 전투에서 우위를 차지했다.

라이벌에 비해 전반적으로 무기 화력이 열등한데도 세이버는 유도 공대공 미사일을 발사할 수 있는 최초의 군용 제트기 중 하나였으며, F-86E라는 후속 모델에는 당시로서는 혁명적이었던 레이더와 표적 장치가 장착되었다.

이러한 요소들이 높은 최대 고도와 약 1,600km(1,000마일)의 긴 항속거리와 결합하여, 적의 항공기를 쉽게 요격할 수 있었다.

그러나 오늘날 세이버는 유명한 세계 기록을 세운 것으로 가장 유명하며, 변형 모델은 40~50년대에 6년 동안 5개의 공식 속도기록을 세웠다. 실제로 F-86D는 1952년 전 세계 속도기록(시속 1,123km / 698마일)을 수립했을 뿐만 아니라, 다음 해에는 시속 27km(17마일)를 추가로 높여 역사를 다시 썼다. 부분적으로는 이러한 기록 덕분에 F-86이 사랑받는 항공기로 남아있으며 역사적으로 기억될 것이다.

오늘날 군대에서 사용하는 F-86은 없다. 시간이 흐르고 새로운 기술이 개발됨에 따라, 자연스럽게 더 현대적이고 진보된 항공기로 대체되었다.

그러나 상징적인 지위와 신뢰할 수 있는 조종성으로 인해 많은 F-86이 민간 분야에서 계속 사용되고 있으며, 미국에만 개인 소유로 50대의 F-86이 등록되어 있다. 수집가와 항공기 애호가 모두에게 매우 인기가 있으며, 오늘날까지도 차세대 엔지니어들에게 계속 영감을 주고 있다.

동체

테이퍼 원추형 동체는 기수의 노즈 콘 공기 흡입구와 함께 조립된다. 공기는 조종석 아래로 유도되어 J47 엔진으로 전달된 후, 노즐을 통해 비행기 뒤쪽으로 배출된다.

날개

날개와 꼬리는 모두 뒤쪽으로 젖혀지고, 날개에는 전기로 작동하는 플랩과 자동 리딩-엣지 슬랫이 장착되어 있다. 젖혀진 날개는 공중전에서 뛰어난 민첩성을 제공한다.

북미에서 생산했지만 일본, 스페인과 영국을 포함한, 최소 20개 국가의 공군이 세이버를 사용했다.

엔진

F-86E는   2,358kgf(5,200lbf)의 추력을 발휘할 수 있는 GE J47-13 터보제트 엔진을 사용한다. 이 큰 추력은 시속 1,050km(650mph)의 최고 수평 속도를 발휘한다.

조종석

F-86E에는 조종사용 단일 좌석 캐빈으로, 작은 버블 캐노피 조종석이 있다. 조종석은 바로 앞에 있으며 기수 노즈콘 바로 뒤에 있다.

기술 사양

F-86E Sabre

길이:	11.3m (37ft)
날개길이:	11.3m (37ft)
높이:	4.3m (14ft)
최고속도:	1,046km/h (650mph)
항속거리:	1,611km (1,001mi)
최대 고도:	1,371m (45,000ft)
전투 무게:	6,350kg (14,000lb)

레이싱 조종사 Jacqueline Cochran은 어떤 사람인가요?

1906년에 태어난 코크란은 선구적인 미국 비행사이자 그녀 세대의 가장 재능 있는 조종사 중 한 명으로, F-86 세이버를 타고 음속장벽을 돌파한 세계 최초의 여성이다. 기록은 1953년 5월 18일 캘리포니아의 로저스 드라이 레이크에서 수립하였다. F-86으로 코크란은 동료 조종사 척 예거를 윙맨으로 하여, 평균속도 1,050km/h (652mph)를 달성, 음속장벽을 돌파하였다. 코크란은 또한 Mach 2에 도달하기 위해 항공모함에서 이착륙한 최초의 여성이기도 하다.

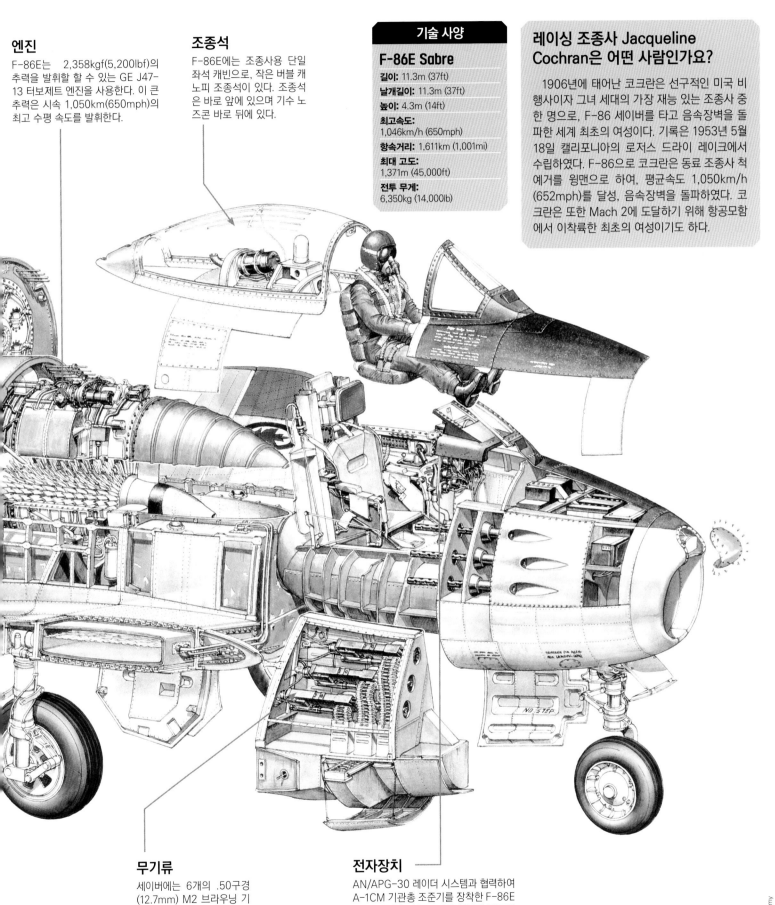

무기류

세이버에는 6개의 .50구경 (12.7mm) M2 브라우닝 기관총과 16개의 127mm(5인치) HVAR 로켓, 다양한 자유 낙하 폭탄과 비유도 미사일이 장착되어 있다.

전자장치

AN/APG-30 레이더 시스템과 협력하여 A-1CM 기관총 조준기를 장착한 F-86E는 당시 기술적으로 가장 발전된 제트기 중 하나였다. 레이더는 잠재적 목표물에 대한 거리를 신속하게 파악할 수 있다.

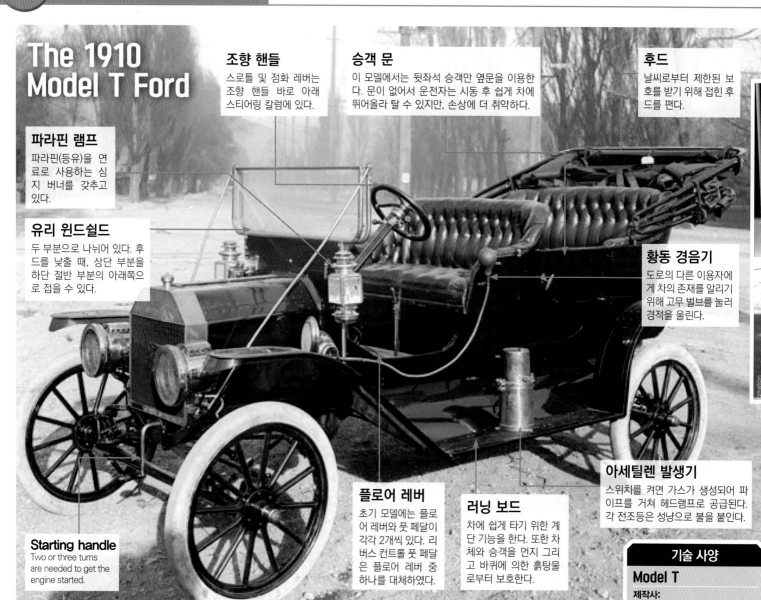

The 1910 Model T Ford

조향 핸들
스로틀 및 점화 레버는 조향 핸들 바로 아래 스티어링 칼럼에 있다.

승객 문
이 모델에서는 뒷좌석 승객만 옆문을 이용한다. 문이 없어서 운전자는 시동 후 쉽게 차에 뛰어올라 탈 수 있지만, 손상에 더 취약하다.

후드
날씨로부터 제한된 보호를 받기 위해 접힌 후드를 편다.

파라핀 램프
파라핀(등유)을 연료로 사용하는 심지 버너를 갖추고 있다.

유리 윈드쉴드
두 부분으로 나뉘어 있다. 후드를 낮출 때, 상단 부분을 하단 절반 부분의 아래쪽으로 접을 수 있다.

황동 경음기
도로의 다른 이용자에게 차의 존재를 알리기 위해 고무 벌브를 눌러 경적을 울린다.

플로어 레버
초기 모델에는 플로어 레버와 풋 페달이 각각 2개씩 있다. 리버스 컨트롤 풋 페달은 플로어 레버 중 하나를 대체하였다.

러닝 보드
차에 쉽게 타기 위한 계단 기능을 한다. 또한 차체와 승객을 먼지 그리고 바퀴에 의한 흙탕물로부터 보호한다.

아세틸렌 발생기
스위치를 켜면 가스가 생성되어 파이프를 거쳐 헤드램프로 공급된다. 각 전조등은 성냥으로 불을 붙인다.

Starting handle
Two or three turns are needed to get the engine started.

기술 사양

Model T

제작사:	Ford Motor Company
생산개시 연도:	1908
크기:	길이: 2,540mm, 폭: 1,422mm, 높이: 2,387mm
엔진:	2896cc
최고속도:	45mph
엔진출력:	22.5
연료:	Petrol
대당 가격:	$850

The Model T
자동차 대중화 시대의 문을 연 자동차

초기 Model T 스타일에는 인기가 많은 오픈-탑 투어링-카가 포함되었다.

오늘날의 기준에 따르면, 헨리포드의 Model T는 특이한 특성을 많이 갖추고 있다. 운전석에 앉기 전에, 차 앞쪽에 있는 핸드 크랭크를 돌려 시동을 걸어야 한다. 엔진이 역화하면 핸드 크랭크가 엄지손가락을 부러뜨릴 수 있고, 스티어링 칼럼에 있는 스로틀 레버가 제대로 설정되지 않은 경우, 시동 즉시 넘어질 수 있으므로 굉장히 위험한 과정이다. 다행히도 1919년에 전기 시동모터가 도입되었다.

Model T에는 3개의 풋 페달과 1개의 플로어 레버가 있다. 출발하려면 스로틀 레버를 올리고 플로어 레버를 중립 위치에서 앞으로 이동한 다음, 왼쪽의 클러치 풋 페달을 밟는다. 속도를 올릴 때 클러치 페달을 밟으면, 1단에서 2단 기어로 변속할 수 있다. 정지하려면, 운전자는 스로틀을 줄인 후 클러치 페달을 밟고, 오른쪽의 브레이크 풋 페달을 밟고, 플로어 레버를 중립에 놓기만 하면 된다. 뒤로 가려면 플로어 레버를 중립으로 유지하고, 중간의 후진 풋 페달을 밟는다.

초기 버전의 자동차에는 황동 아세틸렌 램프가 있었고, 10갤런의 연료 탱크는 앞좌석 아래에 장착되었다. 중력을 이용하여 기화기에 휘발유를 공급했기 때문에 Model T는 탱크에 연료가 부족하면 가파른 언덕을 오를 수 없었다. 이에 대한 해결책은 언덕을 후진하면서 올라가는 방법이었다. 엔진은 앞쪽에 장착되어 있으며, 일체 주조식 4기통이었다. 이런 단순한 구조의 엔진은 상대적으로 작동 및 유지 관리가 쉽다.

현대적인 제품이 수년에 걸쳐
다양한 스타일과 형태를 개발한 것처럼, Model T도 마찬가지였다.

작업자는 오버헤드 블록=앤-태클을
사용하여 엔진을 제자리에 설치한다.

지도 상에서

Model T 생산기지

1 Highland Park Plant,
  미시간 주
2 Trafford Park,
  영국 맨체스터
3 Walkerville,
  캐나다 온타리오 주
4 La Boca, 아르헨티나
  부에노스아이레스
5 Geelong, 호주 빅토리아 주
6 Berlin, 독일

대량 생산

Ford가 사용한 혁신적인 생산방식은 가능성의 세계를 열었다.

움직이는 조립라인을 사용한 대량 생산은 Model T를 성공적으로 만든 혁신의 핵심이었다. 기존 자동차 생산은 주로 고급시장에서 수작업으로 제작된 맞춤형 모델이 표준이었다. Cadillac에서 일했던 Henry Leland는 자동차 부품의 표준화를 개척했으며, 시카고 도축장에서 사용하던 움직이는 생산라인을 자동차 생산에 적용했다. Ford의 천재성은 이러한 방법을 통합하고, Model T의 생산을 84개 주요 영역으로 줄이는 것이었다.

차의 섀시는 궤도를 따라 이동하고, 각 작업자는 다음 작업영역으로 차가 이동하기 전에 자신의 작업영역에서 매우 간단하고 반복적인 생산 작업을 수행했다. 엔진 및 기타 구성부품은 섀시에 추가되기 전에 유사한 방식으로 만들어졌다. 이러한 일방향의 프로세스를 통해 하나의 Model T를 만드는 시간을 12시간 8분에서 93분으로 줄일 수 있었다. 일찍이 1914년에 포드의 양산 기술은, 28만 대의 자동차를 생산한 다른 모든 자동차 회사의 근로자가 총 66,350명인데 비해, 포드사는 13,000명의 근로자가 30만 대의 자동차를 생산했다.

1908년 9월 27일부터 1927년 5월 26일 생산을 종료할 때까지 1,500만 대의 Model T가 생산되었다. Model T는 누구나 최고의 자재를 사용하여 명료하게 설계된 자동차를 싼값으로 살 수 있게 하겠다는 Henry Ford의 비전을 충족하고 초과 달성했다.

Model T는 경찰이 환영한 특별한 장비였다

POLICE PRECINCT NO 5

CITY LIGHT

통 모양의 가솔린 탱크 장착

첫 번째 모델은 오픈 보디와 접을 수 있는 후드가 있는 소형 오픈카였다. 나중에 Ford와 다른 업체들이 Model T의 섀시에 다양한 차체와 트럭 차체를 장착했다.

Model T는 도시의 집이나 시골 농장에서 똑같이 사용할 수 있었고, 가장 싼 값으로 살 수 있었기 때문에, 미국을 빠르게 장악하고 자동차를 우리 생활의 필수품이 되게 했다.

플라잉 스코틀랜드 기관차

기록영화의 주연이자 기록 갱신자인 국보의 내부

오리지날 4472 A1 기관차는
Herbert Nigel Gresley경이 설계했다.

Flying Scotsman은 A1 Pacific-class 기관차 No 1472로 시작하였다. 퍼시픽 클래스는 2-6-2 바퀴 배열로 더 큰 보일러를 사용할 수 있어서 장거리 승객 서비스에 적합하다. LNER(London and North Eastern Railway Company)로 소유자가 바뀌면서 번호가 4472호로 변경되고 Flying Scotsman이라는 이름을 붙였다.

고장이 나서 정기 서비스를 중단했을 당시 1924년과 1925년 대영제국 전시회에 출품하기에 이상적인 후보였다. 대중에게 크게 히트했고, 1928년에 런던 킹스크로스에서 에든버러 웨이벌리까지 오전 10시 직통 플라잉 스코트맨 익스프레스 서비스를 개시하였다.

631km(392마일)의 장거리를 달리기 위해 기관차는 다량의 물과 석탄을 운반하는 특수 8륜 탄수차를 끌었다. 승무원은 멈추지 않고 8시간의 여정 동안 계속 일해야 하므로, 교대 승무원이 기관차와 객차 사이를 통과할 수 있도록, 탄수차에 특별한 복도가 있었다.

Flying Scotsman은 1934년 11월 30일 160.9km/h(100mph)로 주행, 세계 속도기록을 수립하면서 더욱 유명해졌다.

1947년 1월, Flying Scotsman은 더 높은 보일러 압력을 가진 더 큰 보일러를 장착한 A3 클래스로 전환되었으며, 1년 후 British Rail의 소유가 되면서 No 60103으로 변경되었다. 1963년 매각, 여러 소유자를 거쳐 2004년 5월 요크 국립 철도 박물관에 전시되고 있다.

탄수차
기관차 뒤에 9톤(9.9톤)의 석탄과 22,500리터(5,000갤런)의 물을 운반하는 차량. 인젝터 파이프는 물을 보일러로 보낸다. 승무원 이동용의 좁은 복도가 있다.

© DK Images

화부
석탄을 탄수차로부터 화실로 퍼넣는다.

화실(Firebox)
이것은 보일러 배럴의 뒤쪽에 부착되며 통의 물에 의해 냉각된다. 화실의 크기는 19.9m²(215 평방피트)이고 보일러 직경은 1.95m(6피트 5인치)이다.

플라잉 스코트맨 익스프레스 서비스

1862년 6월

서비스 개시
런던에서 에든버러까지의 이스트 코스트 본선은 첫 번째 스페셜 스카치 익스프레스를 운영하는 데 사용되며, 여행시간은 10시간 30분이고, 오전 10시에 출발했다.

1888년

더 빠르게
철도회사 간의 경쟁으로 여행시간이 7시간 반으로 단축되었다. 이 속도는 위험했기 때문에 소요 시간을 8시간 15분으로 변경하는 데 합의했다.

Flying Scotsman은 속도뿐만 아니라
고급스러움으로도 유명했다.

유선형화
엔진이 너무 높아 캡, 돔 및 굴뚝은 뉴캐슬
과 에든버러 사이의 다리에 부딪히지 않도록
보일러와 거의 같은 높이로 조정해야 했다.

기관사
기관사는 스로틀을 사용하여 스팀 돔
의 조절기를 제어하여, 실린더로 보내
는 증기의 양을 늘리거나 줄인다.

스팀 돔
보일러의 물은 고압 증기로 바뀌
어 돔으로 올라간다. A1 보일러
압력은 180psi이고, A3 보일러
압력은 220psi로 높아졌다.

보일러 튜브
화실에서 나온 뜨거운
가스가 튜브를 통과하
여 보일러의 물을 가열
한다.

Nigel Gresley경 그리고 LNER

Herbert Nigel Gresley(1876년 6월 19일
~1941년 4월 5일)는 Crewe Locomotive
Works에서 견습생으로 일했다. 그는 리더십과
엔지니어링 기술로 Doncaster에 있는 London and
North Eastern Railway Company(LNER)의 수석 기계
엔지니어가 되었다.

A1을 설계하고 A3 클래스로 업그레이드했다. 1935년에는 Mallard를 포함한
A4 클래스를 도입했다, A3은 1938년 202.7km/h(126mph)로 주행하여 세계
속도기록을 수립하였다. 또한 선박용 스티어링 기어 작업을 수행했으며, 총 27
클래스의 증기기관차를 설계했다.

Gresley는 항상 새로운 혁신을 테스트하고 유럽과 미국의 최고 아이디어를
그의 설계에 통합하기를 열망했다. 1936년 그는 자신의 공적을 인정받아
에드워드 8세로부터 기사 작위를 받았다.

굴뚝
1958년 Scotsman은 성능을
개선하기 위해 피스톤의 증기와
보일러 튜브의 가스를 고르게
혼합하는 Kylchap 배기 시스템
을 장착했다.

실린더
Scotsman은 양쪽에 각각 3개의 실
린더가 있다. Gresley-conjugated
밸브 기어 시스템은 실린더 내부의 피
스톤 작동을 통제한다.

크랭크와 커넥팅로드
피스톤의 운동은 커넥팅로드를 통해 바퀴로
전달된다. 바퀴의 직경은 처음 4개의 경우
0.96m(3ft 2in), 커플링 된 세트의 경우
2.03m(6ft 8in), 뒤따르는 바퀴는 1.12m(3ft
8in)이다.

기술 사양
The Flying Scotsman

디자이너:	Sir Herbert Nigel Gresley
제작사:	Doncaster Railway Works
제작년도:	1923
클래스:	A3
길이:	21.6m (70ft)
폭:	2.8m (9ft 3in)
높이:	4m (13ft)
무게:	97.5 tonnes (107 tons)
보일러 압력:	220psi
상용 최고속도:	108km/h (67mph)
최고 기록 속도:	160.9km/h (100mph)
현재 상태:	Owned by the National Railway Museum, York

런던과 북동부 철도회사(LNER)는 Scotman 이라는
이름에 경의를 표한다.

1900년   **1924년**   **1932년**   **2011년 5월 23일**

럭셔리
식당차, 난방 및 객차
를 연결하는 복도의 도
입으로 승객의 편안함
이 향상되었다.

공식 인정
이 운행 서비스는 1870년대부터 "Flying
Scotsman"이라는 별명이 붙었다. LNER
는 공식적으로 열차에 이 이름을 부여하고
4472 기관차에도 똑같은 이름을 붙였다.

고속화
8시간 15분으로 제한된
여행시간은 공식적으로
7시간 30분으로 단축되
었다.

새로운 시작
클래스 91, 전기 기관차 91101
은 에든버러에서 런던까지 평일
운행 서비스를 개시하였다. 여행
시간은 4시간으로 단축되었다.

메이플라워

순례자 조상들(Pilgrim Fathers)을 태우고 미국으로 향한 이 배에서의 삶이 어떠했는지 알아보자.

메이플라워호(Mayflower)는 영국 해양역사에서 가장 유명한 선박 중 하나이다. 1620년, 순례자 조상들(Pilgrim Fathers)을 미국의 새로운 터전으로 싣고 온 후, 메이플라워는 종종 미국에서 종교적 자유의 상징으로 여겨지고 있다.

그러나 원래 메이플라워호는 목재, 의류 및 포도주와 같은 평범한 상품을 운송하는 단순한 화물선이었다. 배에 관한 통계적인 세부 내용은 알 수 없으나, 학자들은 이 기간의 다른 상선을 살펴본 결과, 무게가 182,000kg에 달했을 것으로 추정하고 있다. 배의 너비는 약 7m, 길이는 30m로 추정된다.

배의 선원은 상부 갑판에서 지냈다. 전체적으로 26명의 선원이 이 전설적인 여정에서 메이플라워호를 관리한

것으로 생각된다. 선장 또는 사령관은 '크리스토퍼 존스'라는 인물이었다. 그는 선미에 위치한 숙소에서 지냈다. 정식 선원은 뱃머리 갑판 아래 선원실에서 지냈다. 숙소는 비좁고 비위생적이며 매우 불편했다. 선원실은 끊임없이 바닷물로 흠뻑 젖었고, 선상 장교들은 배 한가운데에 숙소가 있다는 점에서 운이 좋았다.

역사적인 항해 중, 메이플라워호에는 남성, 여성과 어린이를 합해서 총 102명이 승선했다. 순례자들은 배의 화물 구역에서 지냈다. 순례자들의 생활공간은 뱃멀미와 질병으로 이어지는 갑판 아래 깊은 곳에 있었다. 메이플라워호는 1620년 7월 영국에서 출항했지만, 동행한 선박에서 물이 새기 시작했기 때문에 두 번이나 되돌아와야 했다. 항해 중 메이플라워호와 선원들은 많은 문제를

겪었다. 해적들의 심각한 위협이 있었지만, 문제는 폭풍의 피해였다. 탐험 중간에 악천후로 인해 선박의 프레임을 지지하는 나무 기둥이 손상되었으나, 다행스럽게도 수리할 수 있었다.

선상에서 휩쓸려 구출된 존 하울랜드가 거의 익사할뻔 하는 등 많은 사고가 있었다. 운이 좋지 않은 것은 뜻밖에 사망한 승무원이었다. 모든 사람이 '의미 있는' 것으로 생각한 그의 죽음은 하나님의 형벌로 간주되었다. 항해 중에 아이도 태어났다. 엘리자베스 홉킨스는 그녀의 아들을 Oceanus라고 이름 붙였다.

배는 1620년 11월 11일, 케이프 코드에 무사히 도착했다. 신세계에서 영적인 삶을 시작하기를 희망하던 종교 공동체는 그들의 생존에 대해 하나님께 감사드렸다.

> ## "메이플라워호는 1620년, 영국에서 출항했지만 두 번이나 중도에 되돌아와야 했다."

화물칸(선창)
화물칸은 배의 가장 깊은 부분이다. 화물을 보관하고 승객을 수용하는 데 사용하였다.

메이플라워호 내부

메이플라워호는 3층으로 나눌 수 있는 화물선으로 돛대, 전망대 및 장비가 있는 갑판과 직원 숙소, 총기실 및 보관구역을 포함한 하부 갑판이 있다. 하부 갑판 아래, 화물칸에 승객이 탑승했다.

선수
선수는 배의 가장 앞부분에서 튀어나온 부분을 말한다.

앞 갑판 선원실
일반 선원용 숙소, 갑판에서 일하지 않을 때 선원들은 여기서 잤다.

매사추세츠주 플리머스에 정박해 있는
Mayflower II 복제품

그레이트 캐빈
선장에게 할당된 숙소로 선임 사관
또는 손님용 제2의 침대가 있다.

선미루 갑판
전망대와 항해에 사용되는
선미루 갑판에서 선원들은
바다 너머 넓은 전망을 볼 수
있다.

캡스턴과 윈치
선원들이 갑판 사이에서 화물을
내리고 올릴 수 있는 장치.

휘프스탭
키의 손잡이에 부착된 레버.
17세기 선박에서 조향 목적
으로 사용하였다.

지도에서

Start: Southampton
Plymouth
Newlyn, Cornwall
New Plymouth
Cape Cod
North America
Europe
Atlantic Ocean
Africa
South America
Original destination: North Virginia

Mayflower는 Cape Cod의 낚시
바늘 모양 해안 안쪽에 도착했다.

순례자 조상들

1620년 한 무리의 청교도들이 신세계로 향하는 메이플라워호에 승선하였다. 그들을 순례자 조상들이라고 한다. 순례자 조상들은 영국인의 경건하지 않고 쾌락주의적인 행동에 환멸을 느꼈고 미국이 새로운 종교 공동체를 시작할 수 있는 기회의 땅이라고 믿었다.

그들은 뉴플리머스(New Plymouth)에 상륙하여 집을 짓기 시작했지만, 도착 첫해에 인구의 절반이 사망한 것으로 추정된다. 신세계를 눈부신 땅이자 제2의 에덴동산으로 여겼지만, 실제의 환경은 가혹하고 용서가 없었다. 일부 원주민이 도움을 주었고 정착민들

에게 이 광야에서 살아남는 방법을 가르쳤으며, 1621년에 그들은 성공적인 첫 수확을 하였다. 이를 첫 번째 추수감사절로 축하하였고, 자연스럽게 전통적인 축제일이 되었다. 이날은 지금도 미국의 국경일로 지켜지고 있다.

HMS Victory

역사상 가장 유명한 함선 중 하나인 HMS Victory는 18세기 말과 19세기 초 영국 해군이 우위를 확보하는 데 중요한 역할을 했다.

기술 사양

HMS Victory

클래스: First rate ship of the line
배수량: 3,500 tons
길이: 227ft
빔: 51ft
홀수: 28ft
추진력: 돛 – 5,440m²
속도: 9 knots (17km/h)
무기: 104 guns
승무원 정원: 800

미국 독립 전쟁, 프랑스 혁명 전쟁 및 나폴레옹 전쟁에서 살아남은 유일한 군함인 HMS Victory는 지금까지 건조된 가장 유명한 선박 중 하나이다. HMS 빅토리(HMS Victory)는 3개의 거대한 건데크(gun-deck)가 장착된 바다의 거물로서 104문의 대포, 800명이 넘는 승무원으로 무장한 영국 해군의 1급 전열함이었다. 또한 엄청난 사정거리로 가장 큰 적함을 물 밖으로 날려 버리는 동시에 다른 공격자들을 능가하는 무서운 군함이었다.

역사적으로는 또한 트라팔가 해전에서 제독 호레이시오 넬슨 경의 기함이었다. HMS victory는 넬슨이 프랑스와 스페인의 연합함대와 대적하여 결정적인 승리를 쟁취하는 데 이바지하였다. 그러나 넬슨은 이 해전에서 전사했다.

Turner's famous painting of the Battle of Trafalgar in which the HMS Victory is shown in the midst of battle

돛

HMS Victory는 범선으로, 3세트의 정사각형 돛의 넓이는 5,440에 이른다. Victory의 돛의 성능은 작전 시 최대 9노트의 최고 속력을 자랑하며, 그 크기와 무게를 고려하면 당시로서는 매우 인상적이었다.

18세기와 19세기에 걸쳐 완전히 돛을 이용한 배에는 각각 사각형 돛을 장착한 3개 이상의 돛대가 필요했다. 전속력으로 순항 시 Victory는 한 번에 최대 37개의 돛을 펼칠 수 있으며 23개의 예비 돛을 갖추고 있다.

승무원

HMS Victory에는 포수, 해병, 준위, 화약 운반수 등 800명이 넘는 인원이 탑승했다. 선원들은 선상 생활이 힘들었다. 선원들은 그들의 복무에 대한 대가를 거의 받지 못했고 음식과 물도 부족했다. 질병도 만연했고 술주정, 싸움, 탈영 및 반란에 대한 처벌은 채찍질에서 교수형에 이르기까지 다양했다.

마스트

HMS Victory는 보우 스프리트(선박 머리 너머로 연장되는 기둥), 포어 마스트, 메인 마스트, 미젠 마스트와 메인 마당을 자랑했다. 총 26 마일(41.9km)의 밧줄과 768개의 느릅나무와 재(ash) 블록을 사용하여 배를 조작했다.

갑판

HMS Victory에는 화물창, 최하 갑판, 하부 건 데크, 중간 건 데크, 상부 건 데크, 쿼터 데크 및 선미루 데크 등 7개의 주요 갑판이 있다.

© Alex Pang

(A) 선체
선체는 최대 6개월용의 식음료와 기타 공급품을 저장할 수 있는, 선박에서 가장 큰 저장 공간이었다.

(B) 최하 갑판
흘수선 아래에 있는 유일한 갑판으로서, 또 다른 저장 공간이었고 회계원과 같은 특정 승무원을 위한 거주 공간이었다.

(C) 건 데크
Victory의 대포 대부분을 위에서 아래로 계층 배열로 보관했다 (가장 큰 대포는 맨 아래에, 가장 작은 대포는 맨 위에 있음). 이 갑판은 또한 대다수 승무원과 왕립 해병대를 수용했으며, 머리 위 기둥에 고정된 배튼에 매달린 해먹에서 잠을 자곤 했다. 하부 건-데크는 승무원이 먹고 생활하는 공간으로 하갑판의 역할도 했다.

(D) 쿼터 데크
함선의 명령 중심으로, 사령관이 라이벌 함선의 강력한 총격에 대응하여 종종 기동과 행동을 지시했다.

(E) 선미루 데크(poop deck)
선미에 위치한, 짧은 이 데크는 라틴어 puppis에서 그 이름을 따 왔다. 문자 그대로 '뒤 데크' 또는 '후미 데크'를 의미한다. 이 갑판은 주로 신호를 보내는 데 사용되었지만, 배의 조향륜을 조종하는 승무원에게 약간의 보호를 제공했다.

대포

1급 함선인 Victory는 100문 이상의 함포를 가진 3개의 건 데크 전함이었다. 실제로 Victory는 104문의 대포를 장착했다. 최하층 갑판에 30문의 42파운드(19kg) 대포를 탑재하였고, 2층 갑판에는 28문의 24파운드(11kg) 대포를, 최상층 갑판에는 30문의 12 파운드(5kg) 대포를 장착하였다. 이와 함께 선미 갑판과 선수 갑판에 12문의 6파운드 대포를 장착하였다.

© Alex Pang

© Alex Pang

바티스카프 트리에스테

실존하는 잠수함인 바티스카프 트리에스테 (Bathyscaphe Trieste)는 지구 해양의 가장 깊은 곳을 탐험했으며, 오늘날까지도 태평양의 마리아나 해구 바닥에 도달한 유일한 유인 잠수함 중 하나로 남아있다.

9,000m(30,000ft)를 통과한 후, 플렉시 글라스 창문 중 하나가 깨졌다. 평방 인치당 6톤 이상의 압력인 1,000기압 이상의 대기압이 '바티스카프 트리에스테'에 끊임없이 영향을 미쳤다. 선체가 격렬하게 흔들렸고, 엄청난 부담으로 금방이라도 파괴될 것 같았다. 미세한 균열이 발생하면 지구에서 가장 깊은 바다의 압력으로 인해 선박이 둘로 갈라져 폭발적인 감압이 발생하고 해양학자인 '자크 피카드'와 미 해군의 조종사 '돈 왈시' 중위가 즉시 사망한다. 그러나 1960년 1월 23일은 그들의 죽음의 날이 아니었다. 인류는 여전히 마리아나 해구의 Challenger Deep의 바닥에 도달해보지 못했다. 잠수함이 버텨주어야 했다. – 플랜 B는 없었다.

외부 세계와 완전히 차단된 암흑 속으로 더 내려가면서-수중 음파 탐지기/수중 전화 통신 시스템은 몇 시간 전에 작동을 멈췄고- 트리에스테는 자신의 밸러스트 시스템에 철제 알갱이를 계속 내려놓았다. 결국, 목표에 아주 가까이 다가가기 위해 해수면 아래 수직으로 9km(약 6마일)를 내려가야 했다. 마침내, 4시간 48분 후에 2m(7ft)의 가압된 구체 안에 있던 두 사람과 함께, 트리에스테가 착지했다. 접촉으로 (사해 생물의 골격으로 만들어진) 규조토 구름이 해저에서 확산하여 주변의 바닷물을 유기물 안개로 흐리게 했다.

30분 후, 고출력 석영 아크 라이트 램프로 이 외계환경을 주기적으로 관찰한 후 – 주기적으로 활성화했을 때 물이 심하게 끓게 했다. – 그리고 흰 가자미, 여러 마리의 새우와 해파리를 포함한 다양한 생명체를 발견했다. 피카드는 트리에스테의 상승을 시작했다. 선박은 그대로 유지되었지만, 수심 10,916m(35,814ft)에서 압력 구의 온도가 계속해서 떨어지고 있었다 (기록된 최솟값은 7℃(45℉)였다). 조심하지 않으면 돌아올 수 없다. 3시간 15분 후 트리에스테는 햇빛을 받으며 인간문명에 다시 등장했다. 선박과 승무원은 허구로만 기록된 세계에 있었고 학계를 바꿀만한 정보를 가지고 돌아왔다.

수집된 자료의 핵심은 지구의 가장 깊은 바다 밑바닥에 생명체가 존재한다는 것을 확인한 것이었다. 이것은 극심한 대기압에 영향을 받지 않는 생물이 있을 뿐만 아니라, 이 깊은 곳의 물이 정체되지 않았음을 보여주었다. 이것은 해류가 이러한 극심한 깊이까지 침투했다는 분명한 표시이므로 방사성 폐기물의 투기장으로 사용해서는 안 된다. 안타깝게도 이러한 직접적인 증거에도 불구하고 이러한 종류의 폐기는 오늘날까지도 전 세계적으로 계속되고 있다.

오늘날 트리에스테의 유산은 이 미지의 영역으로 돌아갈 새로운 잠수함을 설계하는 데 초점을 맞춘, 현재 진행 중인 수많은 프로그램과 함께 이어지고 있다. 이들 중 가장 높은 평가는 '리처드 브랜슨'의 'Virgin Oceanic'으로, 가까운 장래에 마리아나 해구의 바닥을 탐사할 계획이다.

프로펠러
트리에스테는 주로 수직면에서 위/아래로만 움직일 수 있다. 그러나 작은 크기로 상단에 장착된 프로펠러로 인해 약간의 수평 이동이 가능하다.

물 탱크
선체의 앞/뒤에는 물로 채워진, 2개의 밸러스트 탱크가 있다.

석영 램프
고출력 석영 아크 라이트 램프를 사용하여 트리에스테의 승무원은 즉각적으로 심해 환경을 관찰할 수 있었다. 이들은 선체 바닥에 장착되어 있다.

플렉시 글라스 관찰창과 계기 케이블을 명확하게 보여주는, 트리에스테 압력구의 확대 사진

자화 철 펠릿으로 작동하는, 특수 설계된 밸러스트 탱크 중 하나

바티스카프 트리에스테의 내부

이 기록적인 다이빙을 가능하게 한 기계와 기술을 살펴보자.

바티스카프 트리에스테는 현재 워싱턴 DC의 미국 해군 국립 박물관에 전시되어 있다.

전자석

트리에스테가 바다 깊은 곳으로 내려 갈 수 있게 했던 자성 철 알갱이는, 큰 전자석에 의해 능동적으로 제자리에 고정되어 있다. 따라서 전기 고장이 발생하면 선박이 자동으로 상승하기 시작한다.

입구 터널

압력구는 플로트를 관통하는 좁은 수직 샤프트에 의해 선박의 갑판에서 접근할 수 있다.

선체

트리에스테의 선체는 강철로 만들었고 수많은 밸러스트 탱크를 장착했다. 선박의 승무원이 승선하는 압력구는 배 중앙에 장착되어 있다.

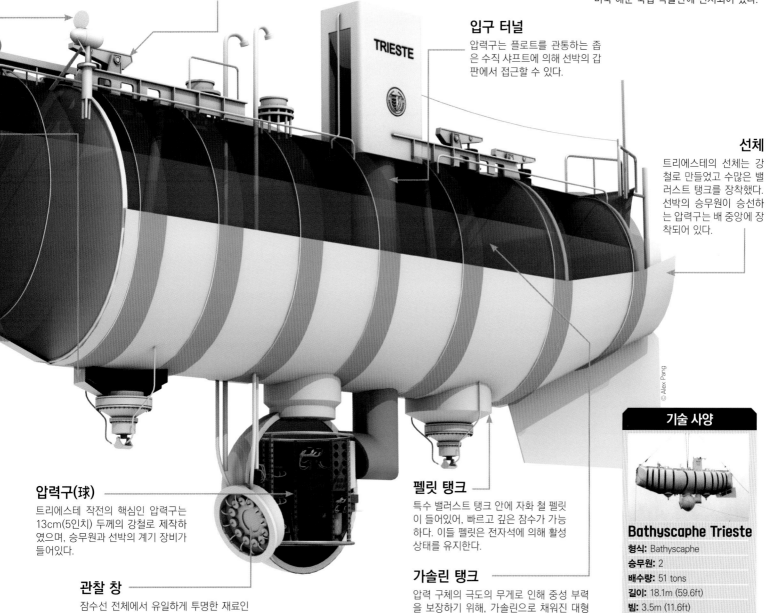

압력구(球)

트리에스테 작전의 핵심인 압력구는 13cm(5인치) 두께의 강철로 제작하였으며, 승무원과 선박의 계기 장비가 들어있다.

관찰 창

잠수선 전체에서 유일하게 투명한 재료인 관찰 창은 원뿔 모양의 비산 방지 플렉시글라스(아크릴 유리) 블록으로 만들었다.

펠릿 탱크

특수 밸러스트 탱크 안에 자화 철 펠릿이 들어있어, 빠르고 깊은 잠수가 가능하다. 이들 펠릿은 전자석에 의해 활성 상태를 유지한다.

가솔린 탱크

압력 구체의 극도의 무게로 인해 중성 부력을 보장하기 위해, 가솔린으로 채워진 대형 탱크를 사용하였다. 가솔린은 극심한 압력에서 상대적으로 비압축성이므로 선택하였다.

기술 사양

Bathyscaphe Trieste

형식: Bathyscaphe
승무원: 2
배수량: 51 tons
길이: 18.1m (59.6ft)
빔: 3.5m (11.6ft)
홀수: 5.6m (18.6ft)

157

어메이징 모빌리티
Amazing Mobility

초 판 인 쇄 | 2021년 8월 19일
초 판 발 행 | 2021년 8월 26일

에 디 터 | April Madden
번   역 | 김재휘
발 행 인 | 김길현
발 행 처 | (주) 골든벨
등   록 | 제 1987-000018호 © 2021 GoldenBell Corp.
I S B N | 979-11-5806-535-5
가   격 | 25,000원

교정 | 안명철 · 권여준
편집 및 디자인 | 조경미 · 김선아 · 남동우   **제작 진행** | 최병석
웹매니지먼트 | 안재명 · 김경희   **오프 마케팅** | 우병춘 · 이대권 · 이강연
공급관리 | 오민석 · 정복순 · 김봉식   **회계관리** | 최수희 · 김경아

(우)04316 서울특별시 용산구 원효로 245(원효로 1가 53-1) 골든벨 빌딩 5~6F
• TEL : 도서 주문 및 발송 02-713-4135 / 회계 경리 02-713-4137
        내용 관련 문의 02-713-7452 / 해외 오퍼 및 광고 02-713-7453
• FAX : 02-718-5510   • http : //www.gbbook.co.kr   • E-mail : 7134135@naver.com

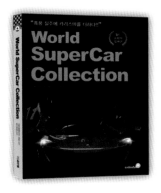

월드 슈퍼카 컬렉션

세계 34개 유명 메이커의 슈퍼카 컬렉션으로 편성하였다. 멋진 외부의 디테일한 사진은 물론 내부 구조를 투시하였다. 여기에 각 시스템의 대표적인 사양까지 수록한 것이 특징이다.

GB기획센터 | 190*260mm | 236쪽

모터사이클 스토리

한 권으로 정리하는 오토바이의 역사! 시대를 주름잡았던 대표 모터사이클 모델들의 태생부터 숨겨진 역사까지 모터사이클을 좋아하는 당신을 위한 토탈가이드북. 그 중 나름의 가치를 부여하며 선정한 모델들의 이야기들을 집대성한 것이다.

안경윤 지음 | 152*225mm | 160쪽

친환경 전기동력자동차

하이브리드, 전기차, 수소차, 솔라차… 말들은 무성하다. 현실은 도래되었지만 이 차들의 기술정보는 미천하다. 이 책은 수준있게 집필하였지만 진정 자동차 마니아들의 궁금증을 뚫어주는 첨단 기술의 교양서.

김재휘 지음 | 190*260mm | 464쪽

내 차를 캠핑카로

팬데믹 현상에 맞게 캠핑을 떠난다. 이 때 내 차를 적은 돈으로 꾸밀 수 있는 정보를 담았다. 글로 다할 수 없는 것은 유튜브로 연결하였고, 보너스북 「차박 시 가까운 레저 및 여행 3,000선」을 부록으로 실었다.

용마루 지음 | 182*233mm | 184쪽

내차달인 교과서[자동차구조편]

자동차 구조편은 현재 널리 사용되는 승용차 위주로 엔진을 비롯하여 전기와 전자, 구동장치, 보디는 물론 제어 시스템과 내장제에 이르기까지 초심자를 위해 범용적 수준의 구조 원리로 구성. 자동차의 엔진, 동력전달장치, 서스펜션·스티어링 시스템·브레이크시스템, 보디·실내·안전·편의장치·환경을 배려한 자동차, 자동차의 미래와 생활로 편성하였다.

탈것 R&D발전소 | 182*233mm | 192쪽

내차달인 교과서[자동차정비편]

자동차 정비편은 자동차 정비의 종류, 일상 점검과 정기 점검, 고장의 증상, 원인과 대처, 고장 방지 포인트, 트러블 방지를 위한 일상 점검 및 친환경 자동차의 특징과 정비 포인트 등으로 구성하였다.

탈것 R&D발전소 | 182*233mm | 188쪽